现代
管理实践
指南

A Practical
Guide to
Modern Safety
Management

王远声
郭绍帅
编著

化学工业出版社

·北京·

内容简介

　　《现代安全管理实践指南》介绍了安全管理的基本概念和重要性，详细讨论了安全管理的基本原则，阐述了风险评估与管理的流程和常用方法，强调了安全政策与安全目标的制定与执行以及组织安全管理体系的架构和要素，在人员安全管理方面重点讨论了如何培养和提高人员的安全意识，探讨了物理安全管理和信息安全管理的有关问题，对生产安全管理、环境安全管理、危机管理与应急响应等方面的内容进行了阐释。

　　《现代安全管理实践指南》适用于各类组织的安全管理部门、风险管理部门、人力资源部门等相关专业人员，以及从事安全管理、风险评估、安全培训等工作的人员。无论是企业管理者、安全专家还是普通员工，都能从本书中获得实用的安全管理知识和技能，提升组织的安全管理水平和绩效。

图书在版编目（CIP）数据

现代安全管理实践指南 / 王远声，郭绍帅编著.

北京：化学工业出版社，2025. 1. -- ISBN 978-7-122
-46733-1

Ⅰ. X92-62

中国国家版本馆 CIP 数据核字第 2024V1L228 号

责任编辑：李玉晖　战河红　　　　　　　装帧设计：孙　沁
责任校对：李露洁

出版发行：化学工业出版社
　　　　　（北京市东城区青年湖南街 13 号　邮政编码 100011）
印　　装：大厂回族自治县聚鑫印刷有限责任公司

710mm×1000mm　1/16　印张 10　字数 206 千字
2025 年 7 月北京第 1 版第 1 次印刷

购书咨询：010-64518888　　　　　　售后服务：010-64518899
网　　址：http://www.cip.com.cn
凡购买本书，如有缺损质量问题，本社销售中心负责调换。

定　　价：58.00 元　　　　　　　　　版权所有　违者必究

在当今快速发展的社会中，安全管理成为各个组织和个人都必须面对的重要议题，有效管理和保障安全是我们共同的责任。《现代安全管理实践指南》这本书旨在为广大读者提供关于安全管理的深入理解和全面指导，通过对安全管理的基本概念、原则和实践进行系统性的阐述，帮助读者掌握安全管理领域的核心知识和技能，以应对日益复杂多变的安全挑战。

本书首先从安全管理的基本概念入手，解释了安全管理的定义和其在各个领域中的重要性。随后，本书阐述了安全管理的目标，包括保护生命安全、预防事故和损失、维护组织稳定运营等方面。之后，介绍了安全管理的基本原则，如领导承诺和责任、全员参与和责任、风险评估和控制、持续改进等，这些原则为建立有效的安全管理体系提供了框架和指导。

接下来，本书详细介绍了风险评估与管理，包括风险评估的概念和目的，风险管理的流程，以及常用的风险评估方法和工具。读者将了解如何识别和分析风险，并制定相应的控制策略和措施，以降低组织面临的风险和损失。

本书还重点讨论了安全政策与安全目标的制定与执行。读者将了解安全政策的内容要素、沟通和宣传，学习如何确立安全目标和指标，以实现安全管理的可持续发展。此外，本书还介绍了组织安全管理体系的架构和要素，包括管理层的职责和义务、安全责任制的建立和实施，以及内部审核和管理评审等方面的内容。

在人员安全管理方面，本书强调了培养和提高人员的安全意识的重要性。通过安全文化建设、岗位职责和安全责任制度、员工培训和技能提升、应急管理和员工行为规范等方面的介绍，读者将了解如何在组织中建立积极的安全文化，并促进员工参与和行动。

此外，本书还详细探讨了物理安全管理和信息安全管理等重要主题。在物理安全管理方面，本书关注建筑设计和布局的安全考虑、出入口和通道的安全控制、设备和资产的安全保护等内容。而在信息安全管理方面，本书强调了信息资产的分类和价值评估、安全政策和控制措施、网络安全和数据保护、安全漏洞管理和应急响应等方面的重要性。

本书还涵盖了生产安全管理、环境安全管理、危机管理与应急响应、安全绩效评估与改进、安全培训与教育，以及安全沟通与宣传等多个方面的内容，旨在帮助读者全面了解安全管理，并提供具体的实践指导和方法。

最后，希望通过《现代安全管理实践指南》这本书，读者能够深入理解安全管理的核心概念和原则，掌握相关的知识和技能，并能够将其应用到实际的安全管理实践中。同时，我们也欢迎读者在阅读过程中提出宝贵的意见和建议，以便我们不断改进和完善本书的内容。

编著者

目 录

第1章

基本概念

当提及安全管理时，我们首先需要明确安全管理的定义和其重要性。在本章中，我们将探讨安全管理的概念、范围以及为什么它对于各个领域和组织都至关重要。

1.1 安全管理的定义和重要性

（1）安全管理的定义

安全管理是指通过制定和实施一系列的策略、计划、措施和标准，预防、减少或消除与人员、设备、环境和程序相关的风险和威胁。安全管理旨在确保组织能够以持续、有序和安全的方式运营。

安全管理不仅仅是单纯的事故防范，它还包括对于内部和外部威胁的预防与应对，以及对安全事件的管理和应急响应的能力。

（2）安全管理的重要性

① 保护人员安全

安全管理的首要目标是保护组织成员、雇员和其他相关人员的生命、健康和财产安全。通过识别潜在的危险和风险，并采取适当的措施来预防和减少事故的发生，安全管理有助于创造一个安全的工作环境。

② 保护财产和资产

无论是物质的还是无形的，组织的财产和资产都需要受到保护。安全管理可以帮助组织识别和评估可能对其财产和资产造成损害的威胁，并采取相应的安全措施来保护它们。

在接下来的章节中，我们将从多个角度深入研究，并提供实际案例，以便读者能够进一步了解和应用安全管理的原则和方法。

1.2 安全管理的目标

在安全管理中，我们需要明确安全管理的目标，这将有助于我们更好地确定所需的措施和策略。

（1）人员安全目标

保障员工的身体健康与安全：组织安全管理的首要目标是确保员工的身体健康与安全。通过提供必要的培训和教育，制定适当的工作规范和操作程序，以及提供必要的个人防护装备，可以减少工作场所事故和职业病的发生。

提供一个安全的工作环境：为员工提供一个安全、无恶劣条件和有序的工作环境，可以提高他们的工作满意度和效率。这包括保持工作场所的清洁与整洁，消除可能的危险和隐患等。

增强员工的安全意识：通过开展安全教育和培训活动，培养员工的安全意识，使他们能够识别潜在的危险和风险，采取相应的措施来防范和减少事故的发生。

（2）设备安全目标

确保设备的正常运行：设备是组织正常运转的核心。安全管理的目标之一是确保设备的正常工作和运行。这包括选择适当的设备，定期进行维护和检修，以及确保设备操作符合标准和要求。

预防设备事故和故障：通过制定标准操作程序，提供操作培训，以及定期检查和维护设备，可以减少设备事故和故障的发生。这有助于避免生产中断、减少停工时间，同时保护员工和设备的安全。

（3）环境安全目标

预防和减少环境污染：组织需要确保其活动对环境的影响最小化。安全管理的目标之一是预防和减少环境污染，包括对土壤、水源和大气的保护。这可以通过合规性检查、废物处理和排放控制等措施实现。

应对自然灾害和其他环境风险：环境安全管理还涉及应对自然灾害和其他环境

风险的能力。组织需要制定应急计划和响应策略，以应对可能发生的灾害，并确保员工和财产的安全。

（4）过程安全目标

风险评估和管理：组织需要识别和评估其运营过程中存在的潜在风险和威胁。通过进行风险评估和管理，可以采取适当的安全措施来预防事故和减少损失。

管理变更和紧急事件：过程安全也涉及管理变更和紧急事件。组织需要确保变更管理程序的有效实施，以减少由变更引起的风险。此外，组织还需要具备应对紧急事件的能力，以最大限度地减少潜在的损失和影响。

通过实现以上列出的安全管理目标，组织能够提供一个安全、健康和可持续的工作环境，同时保护员工和财产的安全。在接下来的章节中，我们将进一步探讨如何实现这些目标，并提供相关案例研究。

1.2.1　保护生命安全

保护员工的生命安全是安全管理的核心目标之一。组织需要采取一系列的措施，以确保工作环境对员工的生命安全没有威胁。以下是一些关键方面，详细解释如何保护生命安全。

（1）提供必要的培训和教育

为员工提供必要的培训和教育，使他们了解工作中存在的潜在风险和危险。培训内容应包括事故预防、紧急情况的处理、个人防护装备的正确使用等。

培训还应涵盖有关紧急撤离程序和灭火设备的知识，以及员工应对紧急情况时的正确行为和反应。

（2）制定适当的工作规范和操作程序

制定和实施适当的工作规范和操作程序，帮助员工遵守安全标准和要求。这包括明确的操作流程、禁止操作指导和特定工作场所的安全规则等。

确保员工严格按照规定的程序和标准来执行任务，从而减少事故和意外事件的发生。

（3）提供个人防护装备和设施

根据工作环境风险的特点，提供适当的个人防护装备，如安全帽、防护眼镜、防护手套等。应教育和鼓励员工正确穿戴和使用这些装备，以减少潜在的伤害风险。

同时，组织需要提供必要的设施和设备，如应急灯光、紧急出口指示、灭火设备等，以便员工在紧急情况下能够快速撤离和采取必要的安全措施。

（4）定期进行安全检查和巡视

组织应定期进行安全检查和巡视，以评估工作环境的安全性，并及时发现和解决潜在的危险与隐患。这有助于提前预防事故和减少风险。

（5）增强员工的安全意识和参与度

提高员工的安全意识和参与度，可以使他们更加关注安全问题并且主动采取安全措施。组织可以通过安全会议、培训、安全奖励计划等方式，鼓励员工积极参与安全管理，并提供安全意识方面的培训和能力提升。

通过采取上述措施，组织能够保护员工的生命安全，降低工作场所事故和伤害的风险。同时，这也有助于营造一个安全、健康和具有高效率的工作环境。在实践中，应根据组织的特定情况和工作环境，制定适合的策略和计划来保障员工的生命安全。

1.2.2　预防事故和损失

预防事故和损失是安全管理的重要目标之一。组织需要通过采取一系列措施来识别、评估和减少潜在的风险，以防止事故和降低损失。以下是详细介绍如何实现这一目标的关键方面。

（1）进行风险评估和管理

进行风险评估是预防事故和降低损失的第一步。组织应对工作环境和相关活动进行综合评估，识别潜在的危险和风险。这包括识别可能导致事故的因素、识别可能引发损失的关键点等。

通过建立有效的风险管理体系，组织可以制定并实施相应的控制措施，以降低风险发生的概率和影响程度。这可能包括改善工作流程、设备维护计划、安全培训和紧急预案等。

（2）制定标准操作程序

制定标准操作程序有助于规范员工的工作行为，确保工作按照正确、安全的方式进行。标准操作程序应包括步骤和指导，详细说明完成特定任务的正确流程。

培训员工遵守标准操作程序，并持续监管和评估他们的执行情况。这将有助于预防错误操作和潜在事故的发生。

（3）定期进行设备维护和检修

定期进行设备维护和检修是预防事故和损失的重要手段。组织应建立维护计划，并按照计划对设备进行定期检查、保养和维修。

维护人员应遵循制定的维护程序，记录并解决设备的异常情况，及时修复和更换存在问题的部件。通过维护和检修，可以提高设备的可靠性和安全性，减少设备故障和事故的发生。

（4）实施紧急预案和培训

预防事故和损失的重要一环是建立紧急预案，并确保所有员工都了解并能够执行预案。紧急预案应涵盖各种紧急情况，如火灾、自然灾害、事故等。

组织应定期进行紧急演练和培训活动，提高员工在紧急情况下的应变能力和反应速度。这有助于减少损失和伤害，并保护员工的生命安全。

（5）鼓励员工参与和报告安全问题

鼓励员工参与安全管理是预防事故和损失的关键。员工应被授权和鼓励报告可能的安全隐患、事故风险和改进建议。

组织应建立积极的反馈和反馈机制，奖励员工提供有价值的安全信息，并及时采取措施解决问题。员工的参与和报告可以帮助组织发现并纠正潜在的事故源与安全风险。

通过实施上述措施，组织能够预防许多事故和减少潜在损失的风险。预防事故和降低损失不仅可以提高工作场所的安全性，还能保护员工、设备和财产的安全。在实践中，组织需要根据自身的特点和需求，定制适合的预防措施和方案。

1.2.3　维护组织稳定运营

维护组织稳定运营是安全管理的重要目标之一。组织需要采取措施来确保其运作过程的稳定性和安全性。以下是详细介绍如何实现这一目标的关键方面。

（1）流程优化和持续改进

优化组织的运作流程对于维护稳定运营至关重要。通过分析和评估现有的工作流程，识别和消除瓶颈、冗余与不必要的步骤，可以提高工作效率并减少潜在的事故风险。

组织应建立一个持续改进的文化，并鼓励员工提供改进建议，定期进行自查和审核，以确保流程的有效性和适应性，并根据需要进行调整和完善。

（2）风险评估和管理

组织应对其运作过程进行风险评估和管理，以识别和评估可能引发事故和损失的风险。通过推行风险管理体系，组织可以制定预防和应对策略，减少事故的发生。

风险管理的关键是建立风险识别和评估机制，监测可能的风险源，并采取适当的控制措施进行预防。这包括培训员工、建立标准操作程序和定期审核等。

（3）建立灾难恢复计划

组织应制定灾难恢复计划，以应对突发事件和灾难性情况。灾难恢复计划应包括详细的预案和程序，以确保在紧急情况下能够快速采取行动并恢复正常运营。

组织需要明确责任和任务分工，建立有效的紧急通信和协调机制。此外，还应定期进行演练和模拟测试，以确保灾难恢复计划的可行性和有效性。

（4）建立供应链安全管理

维护组织稳定运营还涉及供应链的安全管理。组织需要评估和选择合适的供应商，确保供应链的安全性和可靠性。

组织还要进一步建立供应商的评估和审核机制，定期检查供应商的合规性和安全水平。与供应商建立良好的合作关系，并与其共享安全信息和最佳实践。

（5）培养应对变化的能力

组织应具备应对变化的能力，包括技术、市场、法规和环境等方面的变化。这需要组织保持敏捷性和灵活性，并及时调整和改进安全管理措施。

与此同时，组织还应鼓励员工积极适应变化，并为员工提供适应变化的培训和支持。

通过实施上述措施，组织能够维护稳定运营，降低事故和风险对组织运作的影响。维护组织稳定运营不仅有助于提高工作效率和质量，还能保护组织的声誉和市场竞争力。在实践中，组织需要根据自身情况和需求，制定适合的策略和计划来维护稳定运营。

1.3　安全管理的基本原则

安全管理的基本原则是指在实施安全管理过程中，应当遵循和践行的准则与规范。这些原则有助于确保安全管理的有效性和可持续性。

1.3.1 领导承诺和责任

领导承诺和责任对于实施有效的安全管理至关重要。领导层的参与和支持对于营造积极的安全文化和推动安全管理的成功起着关键作用。以下详细介绍领导承诺和责任的关键方面。

（1）显示安全优先的态度

领导层应展示出对安全的高度重视，将安全放在组织运营的首位。这可以通过言行一致地强调安全、参与安全活动和例行检查等方式体现。通过显示安全优先的态度，领导向员工传达了安全的重要性，并确保他们明白安全是组织价值观的核心之一。

（2）提供足够的资源和支持

领导层应提供足够的资源和支持，以支持安全管理的实施。这包括人力资源、技术设备、培训和教育等方面。组织需要建立一个合理的预算和资源分配机制，确保安全管理得到必要的资金和支持，使其能够有效地实施和维护。

（3）建立开放和透明的沟通渠道

领导层应建立开放和透明的沟通渠道，以便员工能够就安全问题提出疑虑、意见和建议。这可以通过定期举行安全会议、安全反馈机制和匿名报告系统等方式实现。组织需要积极倾听员工的声音，并及时回应和解决他们的关切，以建立一种相互信任和合作的安全文化。

（4）加强领导安全管理能力的培养

领导层需要具备领导安全管理的能力。他们应接受相关培训和教育，了解安全管理的原理和最佳实践，并能够指导和支持员工在安全方面的工作。通过培养领导安全管理能力，领导层能够更好地理解和应对安全挑战，并在组织中推动安全文化的发展和实施。

（5）承担个人责任和榜样作用

领导层应承担起个人责任，确保安全策略和措施得到有效执行。他们需要遵守和推动安全标准和规定，并向员工展示良好的榜样行为。领导层的言行和行为对组织中的其他成员有着重要的影响力，他们的积极参与和负责任的态度能够激发员工对安全管理的参与与投入。

通过领导承诺和责任，组织能够建立一个积极的安全文化和有效的安全管理系统。领导层的参与和支持是成功实施安全管理的关键因素之一。在实践中，领导层需要明确理解并践行安全管理的原则和要求，并将其融入到整个组织的运营中。

1.3.2　全员参与和责任

全员参与和责任是安全管理中非常重要的一环。它涉及组织内每个成员对安全事务的投入和负责任的态度。只有当每个人都意识到自己在安全管理中的作用和责任，并积极参与其中，才能真正实现组织的整体安全目标。

在实施全员参与和责任的过程中，以下几个方面是值得关注的。

建立安全文化：安全文化是一个组织安全理念、价值观和行为准则的集合。通过建立积极的安全文化，组织可以塑造员工对安全的认同感和责任感，使其将安全作为日常工作的一部分来看待，并在行动上展现出来。

提供培训和教育：为了使全员能够更好地理解和应对安全问题，组织需要提供相关的培训和教育。这可以包括安全意识培训、操作规程培训以及灾难应急演练等。通过培训和教育，员工可以获取必要的知识和技能，提高对安全管理的理解和参与度。

促进沟通和合作：良好的沟通和合作是实现全员参与和责任的关键。组织应鼓励员工之间的信息交流和经验分享，以便及时发现和解决安全问题。此外，建立跨部门的安全协作机制也非常重要，以确保各个部门之间的紧密配合和协调。

奖励和激励：为了进一步激发员工的安全参与和责任意识，可以设立相关的奖励和激励制度。这些奖励可以是实物奖励、荣誉表彰或者其他形式，旨在鼓励员工积极参与安全管理，并树立良好的安全行为典范。

下面以一个案例来说明全员参与和责任的重要性。

某公司在实施全员参与和责任的安全管理下取得了显著的成果。公司首先对全体员工进行了安全培训，提高了员工对安全工作的认知和重视程度。同时，公司建立了一个匿名举报系统，鼓励员工及时汇报安全隐患和问题。这种全员参与和责任的机制有效地促使员工积极参与安全事务，主动发现问题并及时解决。在公司的努力下，事故率显著下降，员工的工作环境也得到了大幅改善。

在实践中，还有一些最佳实践可以帮助组织更好地实施全员参与和责任的安全管理：

领导示范：组织领导要以身作则，在安全方面做出榜样。他们应该展示出对安全的重视，并在行动中体现出对员工安全的关心和保护。

激励机制：除了奖励和激励制度外，还可以考虑将安全目标纳入绩效评估体系，与员工的绩效考核挂钩。这将进一步激发员工对安全的参与和责任感。

不断改进：安全管理是一个不断改进的过程。组织应该定期进行安全绩效评估和审查，及时调整和优化安全管理措施，以保持良好的安全状况。

综上所述，全员参与和责任是安全管理中必不可少的一部分。通过建立积极的安全文化、提供培训和教育、促进沟通和合作，以及奖励和激励机制，组织可以激发员工的安全意识和责任感，共同维护组织的安全稳定。

1.3.3　风险评估和控制

风险评估和控制是安全管理中的重要环节，它帮助组织识别和评估可能对组织造成损失或危害的各种风险，并采取相应的措施来降低这些风险发生的概率和影响。

在实施风险评估和控制的过程中，以下几个方面是需要关注的：

风险识别：首先，组织需要对潜在的风险源进行识别和分析。这可以通过开展风险评估和审查来实现。风险评估包括对组织内外部的各种活动、过程和环境进行系统的分析，以确定可能存在的风险。

风险评估：一旦风险被识别出来，组织就需要对其进行评估，以确定其潜在的影响和可能性。风险评估通常涉及两个方面：风险的严重程度和风险发生的可能性。这可以通过使用风险矩阵或其他评估工具来实现。

风险控制：根据风险评估的结果，组织需要采取相应的控制措施来降低风险发生的概率和影响。风险控制可以分为以下几个层面：风险消除，通过改变工作环境、流程或操作方式来完全消除风险源；风险减轻，采取措施来降低风险的发生概率，例如提供培训、加强监督和管理等；风险传递，将风险转移给其他方，例如购买保险来分担风险责任；风险接受，对于一些无法完全控制或消除的风险，组织可能需要接受并采取适当的措施来减少其影响。

监测和改进：风险评估和控制是一个持续的过程，组织需要定期监测和评估已采取的控制措施的有效性，并根据情况进行调整和改进。这可以通过定期的安全审核、风险评估和员工反馈来实现。

下面以一个案例来说明风险评估和控制的重要性：

某工厂在进行风险评估时发现，由于仓库存储容量的限制和物料堆放不规范，存在火灾风险。为了控制这一风险，工厂采取了以下措施。

① 重新规划仓库布局，确保存放物料的安全间距和通道畅通。

② 安装自动化温度、烟雾和火焰探测器，并与报警系统连接，及时发出警报。

③ 配备灭火器、灭火器具和灭火喷头，以便工作人员在火灾发生时能够及时进行灭火。

④ 对员工进行火灾逃生演练和灭火器使用培训，提高他们的应急反应能力。

通过以上措施，工厂成功降低了火灾风险，提高了员工的安全意识和应急处理能力。

在实践中，还有一些最佳实践可以帮助组织更好地实施风险评估和控制的安全管理：

多学科团队：组织应该建立一个多学科的风险评估和控制团队，包括技术专家、管理人员和操作人员等。他们应该共同合作，从不同角度对风险进行评估和控制。

经验教训共享：组织应该建立一个经验教训数据库或平台，记录并分享已发生的事故、故障的原因与处理经验。这有助于其他部门或项目避免相同的风险。

持续改进：风险管理是一个不断改进的过程。组织应定期审查并更新风险评估和控制策略，以适应变化的环境和工作情况。

综上所述，风险评估和控制是安全管理中必不可少的一环。通过风险识别、评估和控制措施的实施，组织可以降低风险的概率和影响，保护员工和资产的安全。

1.3.4　持续改进

持续改进是安全管理中至关重要的一环，它涉及对组织的安全管理体系和实践进行不断的评估、调整与优化，以提高安全绩效和预防事故的发生。

在实施持续改进的过程中，以下几个方面是需要关注的：

安全绩效评估：组织需要定期对安全绩效进行评估，并与设定的安全目标进行对比。这可以通过收集和分析事故报告、近失事件、员工反馈和监测数据等来实现。

通过绩效评估，可以了解组织的安全状况，识别存在的问题和潜在的风险。

根本原因分析：当出现事故或问题时，组织需要进行根本原因分析，以确定造成事故的根本原因，并采取相应的纠正措施。根本原因分析可以使用多种工具和方法，如鱼骨图、5W1H（Who，What，When，Where，Why，How，即何人、做何事、何时、何地、为何做、如何做）分析法、故障树分析等。通过深入分析，可以揭示出隐藏的问题和系统缺陷，并提出有效的改进措施。

设定改进目标和计划：基于安全绩效评估和根本原因分析的结果，组织需要设定改进目标，并制定相应的改进计划。目标和计划应该具体、可衡量和可操作，以确保改进措施能够得到有效的实施。

实施改进措施：改进计划需要被有效地转化为行动，组织需要按照计划执行改进措施，并进行必要的监督和跟踪。这可能包括更新操作规程、加强培训、改进工艺和设备等。改进措施的实施需要全员参与和合作，确保每个环节都能够得到落实。

审核和评估：持续改进是一个循环过程，组织需要定期对已实施的改进措施进行审核和评估。这可以通过内部审核、第三方审核或管理评审来实现。通过审核和评估，可以验证改进效果并提供反馈，以便进行进一步的调整和优化。

下面以一个案例来说明持续改进的重要性。

某制药公司在持续改进的过程中发现，他们的药品输送过程存在一定的漏洞，容易导致药物受到外界污染。为了改进这一问题，他们采取了以下措施：

① 对输送过程进行重新设计，确保药品在输送过程中不会受到外界污染。

② 引入自动化检测和监控系统，实时监测输送过程中的温度、湿度等关键参数。

③ 加强员工培训，提高他们对输送过程的安全意识和操作技能。

④ 定期对输送过程进行内部审核和评估，以确保改进措施的有效性和持续性。

通过以上措施，该公司显著提高了药物输送的安全性和质量，减少了药物污染事件的发生。

在实践中，还有一些方法可以帮助组织更好地实施持续改进的安全管理：

制定改进指标：组织可以根据安全绩效和目标，制定一系列的改进指标来衡量改进的程度。这些指标可以是事故率、近失事件数量、培训覆盖率等，这有助于实现改进过程的量化和可视化。

借鉴其他行业的最佳实践：组织可以学习其他行业的成功案例和最佳实践，并将其应用于自身的安全管理中，这有助于拓宽思路和引入新的改进方法。

建立学习机制：安全管理应该是一个学习和持续改进的过程。组织可以建立一个学习机制，鼓励员工分享经验教训、安全创新和改进想法。这将促进组织的不断学习和进步。

综上所述，持续改进是实现安全管理目标和提高安全绩效的关键要素。通过安全绩效评估、根本原因分析、设定改进目标和计划、实施改进措施，以及审核和评估，组织可以不断推动安全管理的发展，不断提升安全绩效和预防事故的能力。

第 2 章
风险评估与管理

2.1 风险评估的概念和目的

风险评估是安全管理中非常重要的一项工作,它涉及对组织内外部的各种活动、过程和环境进行系统化的分析与评估,以确定可能对组织造成损失或危害的各种风险。

在风险评估的过程中,需要进行以下几个关键步骤。

(1)风险识别

风险识别可以通过专业知识和经验的运用,结合现场观察、数据收集和文献研究等多种方法来实现。

(2)风险评估

一旦风险被识别出来,就需要对其进行评估,以确定其潜在的影响和可能性。风险评估通常包括两个方面的分析:风险的严重程度和风险发生的可能性。风险的严重程度可以通过评估风险对人员、财产、环境和声誉等方面的潜在损失进行确定。风险发生的可能性可以通过评估风险源的频率、概率和暴露程度来确定。风险评估可以使用风险矩阵、定性分析或定量分析等方法。

(3)风险优先级排序

在风险评估的基础上,需要对风险进行优先级排序,以确定应优先处理的风险。这涉及将风险根据其严重程度和可能性进行排序,从而确定应该采取哪些控制措施来降低风险。

风险评估的主要目的是为组织提供一个对其所面临风险情况的全面了解，并为有效的风险管理提供支持。以下是风险评估的几个主要目的：

（1）风险识别和预警

通过风险评估，可以识别和分析组织可能面临的各种风险，及时发现潜在的危险和问题，并提前采取预防措施。

（2）决策支持

风险评估为组织提供了决策支持的依据，使管理层能够更加准确地了解风险情况，并能够合理地分配资源和制定相应的风险管理策略。

（3）优化资源配置

通过评估风险的严重程度和可能性，组织可以根据实际情况优化资源的配置，将更多的注意力、资金和人力投入到高风险领域，以最大程度地降低潜在损失。

（4）合规要求

在某些行业和地区，风险评估是法律和监管要求的一部分。通过进行风险评估，并制定相应的风险管理计划，组织可以满足合规要求，并减少可能面临的法律和道德风险。

（5）持续改进

风险评估是持续改进的一个关键环节。通过定期进行风险评估，组织可以不断识别和解决新的风险，改善安全管理体系，并提高安全绩效。

风险评估是安全管理中的重要工作，它为组织提供了识别、评估和控制风险的基础，是有效风险管理的关键一步。通过系统地进行风险评估，组织可以提前预防事故和损失的发生，保障组织的安全和可持续发展。

2.1.1　风险识别和辨识

风险识别和辨识是风险评估的第一步，它涉及对组织内外部的各种活动、过程和环境进行仔细的审查与调查，以确定可能存在的风险。

在风险识别和辨识的过程中，以下几个方面是需要关注的。

（1）收集数据和信息

收集相关的数据和信息对于风险识别至关重要。这可以包括现有的安全数据，如事故报告、近失事件记录、员工反馈等。此外，还可以参考行业标准、法规要求和专家意见等，以获取更加全面的信息。

（2）进行现场观察

实地观察是风险识别的重要手段之一。通过实地观察，可以直接了解工作环境、设备状态和操作程序等情况，发现潜在的风险源和隐患。在现场观察中，应重点关注可能导致事故、伤害或损失的活动和因素。

（3）进行文献研究

研究相关的文献和资料也能够揭示潜在的风险。文献包括安全手册、技术规范、行业报告和学术研究等。通过阅读和了解相关文献，可以获取更多的风险信息和经验教训。

（4）听取专家意见

与专家进行咨询和交流，听取他们的建议和意见，是风险识别的有力辅助手段。专家经验和知识能够帮助识别出可能被忽视的风险，并提供解决方案和控制措施。

在风险识别和辨识过程中，需要考虑内部因素、外部因素、人为因素等多个方面的内容，具体如表 2-1 所示。

表 2-1　风险识别和辨识过程中考虑因素

因素名称	具体内容
内部因素	包括组织内部的活动、操作过程、设备状态和员工行为等因素。例如，不正确的操作程序、设备维护不善、员工疏忽等都可能导致潜在的风险
外部因素	包括组织外部的环境、市场变化、法规要求和自然灾害等因素。例如，恶劣的天气条件、供应链中断、法规变更等都可能对组织的安全造成影响
人为因素	人为因素是风险产生的重要原因之一。人的错误、疏忽、疲劳、培训不足等都可能导致事故和损失
技术因素	技术因素包括设备故障、技术变化、信息系统漏洞等。这些因素可能会导致生产中断、数据泄露等风险

风险识别和辨识的目的是为组织提供一个全面的了解其所面临的风险情况，以便在后续的风险评估和控制过程中采取相应的措施。以下是风险识别和辨识的几个主要目的。

（1）发现潜在的风险源

通过综合收集数据和信息，进行现场观察和文献研究，组织可以发现可能存在的潜在风险源和隐患。这使得组织能够及时采取控制措施，降低风险的概率和影响。

（2）识别关键的风险领域

通过风险识别，组织可以识别和确定那些对组织造成最大风险的关键领域。这有助于组织集中资源和精力，加强对这些领域的风险管理和监控。

（3）为风险评估和控制提供基础

风险识别和辨识为后续的风险评估和控制提供了基础。它为组织提供了必要的数据和信息，以便制定相应的风险管理策略和控制措施。

提高员工的安全意识：风险识别和辨识过程中的参与和交流有助于提高员工对安全问题的认识与关注。这对于培养员工的安全意识和预防意识非常重要。

综上所述，风险识别和辨识是风险评估的第一步，通过数据收集、现场观察、文献研究和专家意见等方法，组织可以确定潜在的风险源和隐患。风险识别和辨识可供组织全面了解其所面临的风险情况，并为制定相应的风险管理策略和控制措施提供支持。

2.1.2　风险分析和评估

在安全管理中，风险分析和评估是一个非常重要的环节，它可以帮助组织确定潜在的危险和威胁，并为其采取相应的控制措施。下面将详细介绍风险分析和评估的过程和方法。

（1）风险分析

风险分析是识别和评估潜在风险的过程。它的目标是确定可能对组织造成负面影响的各种因素，并确定这些因素的概率和影响程度。常用的风险分析方法有事件树分析（Event Tree Analysis，ETA），故障模式和影响分析（Failure Mode and Effects Analysis，FMEA），危险与操作性研究（Hazard and Operability Study，HAZOP），事件链分析（Event Chain Analysis），具体如表 2-2 所示。

表 2-2　常用的风险分析方法

名称	具体内容
事件树分析	通过建立一个事件树来分析可能导致事故发生的各种事件和概率，从而评估事故的概率和后果
故障模式和影响分析	通过识别潜在的故障模式，评估其对系统性能的影响，并确定相应的控制措施

名称	具体内容
危险与操作性研究	通过系统地研究和分析操作流程中的潜在危险和操作问题，以确定改进措施和风险控制措施
事件链分析	通过识别和分析事件链，评估不同事件之间的关联性，从而确定潜在的风险和控制措施

（2）风险评估

风险评估是对已经识别出的风险进行定量或定性的评估，以确定其优先级和处理方式。以下是常用的风险评估方法。

定性评估：根据专家判断和经验，将风险分为不同的等级，常用的等级划分有高、中、低三个等级，也可以根据实际情况进行自定义划分。

定量评估：使用数学模型和统计方法对风险进行量化评估，例如使用概率分析、统计分析等方法来计算风险的发生概率和损失程度。

风险分析和评估是安全管理中不可或缺的环节，它可以帮助组织全面了解潜在的风险，并采取相应的控制措施来保障组织的安全。通过合理的分析和评估，可以有效降低事故的发生概率，减轻事故造成的损失。

2.2 风险管理的流程

风险管理是一个系统化的过程，它涉及风险识别、风险评估、风险控制和风险监控等环节。通过系统化的风险管理过程，组织可以全面了解潜在的风险，并采取相应的措施，降低事故风险并保护组织的持续运营。下面将详细介绍风险管理的流程。

2.2.1 风险控制策略制定

在风险管理中，风险控制策略的制定是非常关键的一步。它涉及确定适当的控制措施来降低风险的发生概率和后果。下面将详细介绍风险控制策略制定的过程和方法。

（1）识别和评估风险

包括评估风险的概率、影响程度、紧迫性等因素。通过定量或定性的方法，将风险进行排序，确定哪些风险是最具优先级的。

（2）制定控制目标

根据风险的评估结果，制定风险控制的目标。控制目标应该明确、可衡量，并与组织的整体目标相一致。例如，将某项风险的发生概率控制在一定范围内，或者将某项风险的损失降低到可接受的程度。

（3）确定控制策略

根据风险的特点和控制目标，确定适当的控制策略。以下是一些常见的控制策略：

① 避免风险：通过调整工作流程、规范操作程序等方式，避免潜在风险的发生。例如，禁止使用具有高风险的材料或工艺。

② 减轻风险：通过改进设备、提供培训、加强监督等方式，减少风险的发生概率和后果。例如，安装防护设备、提供紧急救援培训等措施。

③ 转移风险：通过购买保险、外包服务等方式，将风险转移给其他方。例如，购买意外伤害保险或雇佣专业外包公司来处理某些任务。

④ 接受风险：在评估后认为风险可接受并没有必要采取额外措施时，选择接受风险。但需要明确接受风险的风险级别和限度。

（4）制定具体控制措施

根据确定的控制策略，制定具体的控制措施。这些措施应该明确、可行，并与控制目标相一致。例如，制定操作规程、增加巡检频率、购买必要的安全设备等。

（5）实施和监督控制措施

将制定的控制措施付诸实施，并进行有效监督和管理。确保控制措施的执行情况符合预期，并及时纠正偏差。可以通过内部审核、自我评估、第三方评估等方式来监督和评估控制措施的有效性。

总之，风险控制策略的制定是风险管理过程中的关键一环。通过识别和评估风险、制定控制目标、确定适当的控制策略，并制定具体的控制措施来降低风险的发生概率和后果。同时，需要进行持续的监督和评估，以确保控制措施的有效性和符合性。

2.2.2　风险控制措施实施

风险控制措施的实施是风险管理过程中非常重要的一步，它涉及将事先制定的控制策略转化为具体的行动计划，并付诸实施。下面将详细介绍风险控制措施实施的过程和方法。

（1）制定实施计划

根据风险控制策略和制定的具体控制措施，制定实施计划。该计划应明确包括实施的时间、责任人、所需资源等方面的信息，并与其他相关的业务计划相协调。

（2）分配责任与资源

确定控制措施实施的责任人，并分配必要的资源支持。责任人应具备足够的专业知识和技能，能够有效地组织和推动控制措施的实施。

（3）建立沟通机制

建立有效的沟通机制，确保实施计划的信息传递和共享。沟通可以通过例会、报告、邮件、内部网站等方式进行，以便及时反馈和解决问题。

（4）培训与教育

为相关人员提供必要的培训和教育，使其了解控制措施的重要性、操作方法并具备应对风险的能力。培训可以包括理论知识的传授、操作技能的培养，还可以通过模拟演练和案例分享等形式进行。

（5）实施控制措施

根据实施计划和分配的责任，开始执行控制措施。这可能涉及改变工作流程、购买设备、设立标志警示等行动。在实施过程中，要确保按照规定的要求进行操作，并记录相关的数据和信息。

（6）监督与反馈

对实施的控制措施进行监督和反馈，以确保其有效性和符合性。监督可以通过巡检、内部审核、外部评估等方式进行，并及时将结果反馈给责任人。如果发现问题或偏差，需要迅速采取纠正措施，并进行适当的调整和改进。

（7）评估和改进

定期评估控制措施的有效性，并进行必要的改进。评估可以基于指标和数据分析，也可以借助专家评审和利益相关方的反馈。通过持续的评估和改进，在实施过程中不断提升风险控制的效果和效率。

风险控制措施的实施是确保风险管理成果落地的关键一步。通过制定实施计划、分配责任与资源、建立沟通机制、进行培训与教育，并具体执行控制措施，进行监督和反馈，并且持续评估和改进，可以确保控制措施的有效性和符合性，从而降低风险的发生概率和后果。

2.2.3 风险监测和回顾

风险监测和回顾是风险管理过程中的重要环节，能帮助组织评估已实施控制措施的有效性，并提供信息用于持续改进。下面将详细介绍风险监测和回顾的过程和方法。

（1）风险监测

风险监测是持续追踪已经实施的控制措施，以确定其有效性和符合性。以下是常用的风险监测方法：

① 监测指标：制定一些衡量风险控制效果和风险状态的指标，例如事故发生率、工作场所安全评分等。定期收集和分析这些指标，以评估控制措施的有效性。

② 检查和巡检：进行定期的检查和巡检，确保控制措施的执行情况符合预期，并及时发现和纠正存在的问题和偏差。

③ 内部审核：定期进行内部审核，对风险管理体系的有效性和符合性进行评估。通过审核发现的问题和改进建议，确保控制措施的完善和持续改进。

④ 第三方评估：邀请独立的第三方机构进行风险管理的评估和审查，以获得客观的评价和建议。根据评估结果，进一步改进控制措施。

（2）风险回顾

风险回顾是对已发生事故或异常事件进行分析和总结，以获取教训和提供改进机会。以下是常用的风险回顾方法：

① 事故调查：对发生的事故进行调查，确定其原因和影响。通过对事故要素、操作流程等方面进行深入分析，识别出潜在的风险源并提出改进建议。

② 反馈机制：建立反馈机制，鼓励员工和相关人员主动报告潜在的风险和异常情况，并对其进行及时评估和处理。通过及时的反馈，可以预防事故的发生并改进控制措施。

③ 经验总结：定期总结和共享风险管理的经验和教训，以便从过往的经验中学习和改进控制措施。这可以通过开展会议、工作坊、经验分享等形式进行。

④ 持续改进：基于风险回顾的结果，制定改进计划，并持续改进控制措施。改进可以涉及流程优化、设备更新、员工培训等方面，以提高风险管理效果和效率。

风险监测和回顾是风险管理过程的重要环节，可以帮助组织评估控制措施的有效性，并提供改进机会。通过监测指标、检查和巡检、内部审核以及第三方评估，可以持续追踪风险管理的效果。通过事故调查、反馈机制、经验总结和持续改进，可以从已发生的事故中吸取教训，改进控制措施并提升风险管理水平。

2.3 常用的风险评估方法和工具

在风险管理中常使用一些工具来帮助评估和量化风险。这些工具可以帮助组织更全面、准确地了解风险，并做出相应的决策和控制措施。下面将详细介绍一些常用的风险评估方法和工具。

（1）定性评估方法

定性评估方法基于专家判断、经验和主观意见，将风险进行描述和分类，评估其重要性和优先级。常用的定性评估方法有：

① 风险矩阵（Risk Matrix）：将概率和影响两个维度进行分级划分，形成一个矩阵。根据风险的概率和影响程度，确定不同风险级别，并制定相应的控制策略。

② 事件树分析（Event Tree Analysis，ETA）：通过建立一个事件树来分析可能导致事故发生的各种事件和概率，从而评估事故的概率和后果。通过对事件的分析和计算，确定风险的等级和优先级。

③ 故障模式和影响分析（Failure Mode and Effects Analysis，FMEA）：通过识别潜在的故障模式，评估其对系统性能的影响，并确定相应的控制措施。通过对故障的特性和影响进行定性评估，确定风险的等级和优先级。

（2）定量评估方法

定量评估方法基于数学模型、统计分析和客观数据，对风险进行量化评估，计算风险的概率和影响程度。以下是几种常用的定量评估方法：

① 概率分析（Probability Analysis）：使用概率理论和统计方法，根据历史数据、实验结果等，计算风险的发生概率。可以通过概率分布、置信区间等来描述风险的概率特征。

② 统计分析（Statistical Analysis）：根据统计学原理和方法，对风险进行数据分析和建模。例如，使用回归分析、方差分析等方法，分析风险的相关因素和影响

程度。

③ 事件链分析（Event Chain Analysis）：通过识别和分析事件链，评估不同事件之间的关联性，从而确定潜在的风险和控制措施。通过对事件链的影响和概率进行定量评估，确定风险的等级和优先级。

（3）风险评估工具

风险评估工具是一些辅助软件或应用程序，可以帮助组织进行风险评估和分析。以下是一些常用的风险评估工具：

① 故障树分析（Fault Tree Analysis，FTA）：通过建立故障树模型，识别可能导致事故发生的故障事件和概率。可以使用专门的故障树分析软件来进行故障树模型的构建和分析。

② 事件树分析软件：提供事件树分析所需的建模、计算和可视化工具，可以帮助评估事故的概率和后果，并支持制定有效的风险控制策略。

③ 风险评估矩阵软件：提供风险矩阵图形化设计和计算功能，可以根据概率和影响等级对风险进行定性评估，生成风险评估报告和图表。

风险评估方法和工具是在风险管理中帮助评估和量化风险的重要工具。通过定性评估方法和定量评估方法，可以对风险进行综合评估和分析。同时，风险评估工具可以提供辅助的建模、计算和分析功能，帮助组织更准确地了解和评估风险，以支持决策和控制措施的制定。

2.3.1　定性评估方法

定性评估方法是风险管理中用于主观评估和描述风险的一种方法。它通过分析风险的特征、影响和概率，对风险进行分类和排序，以便组织能够更好地理解和应对风险。常用的定性评估方法有风险矩阵、事件树分析等，具体情况如表2-3所示。

表2-3　常用的定性评估方法

名称	具体内容	优点	缺点
风险矩阵	风险矩阵是将风险概率和影响进行矩阵化表示的一种方法。通常将风险按照概率和影响的不同级别进行分类，从而确定风险的优先级。例如，可以将概率划分为低、中、高三个级别，将影响划分为轻微、中等、重大三个级别，然后根据风险的概率和影响级别确定其在风险矩阵中的位置	简单直观，易于理解和使用	无法精确度量风险，只能提供相对优先级

名称	具体内容	优点	缺点
事件树分析	事件树分析是一种图形化的工具，用于描述和分析可能发生的事件和它们之间的关系。通过构建事件树，可以逐步追踪和分析事件发展的不同路径和可能结果，从而帮助评估风险的严重程度和概率	能够全面分析事件发展路径和可能结果	对于复杂系统，事件树可能会变得非常庞大和复杂
风险描述和评估矩阵	该方法通过定性描述和评估风险的特征、影响和概率，使用文字描述和关键词来表达风险的性质和程度。根据不同维度的评估标准，将风险进行分类和排序，以便更好地理解风险	灵活性高，可以根据具体情况进行调整和适应	主观性较强，可能存在个人偏见
故事板	故事板是一种视觉化的工具，通过使用图片、图表和文字来描述和表达风险。它可以帮助组织更好地理解风险，并促进团队之间的交流和讨论	易于理解，能够激发团队讨论和创造力	无法提供精确的量化评估

通过上述方法，定性评估方法能够帮助组织识别和理解风险，并为风险管理决策提供参考。定性评估方法可以与定量评估方法结合使用，以获得更全面、准确的风险评估结果。

2.3.2 定量评估方法

定量评估方法是风险管理中使用数值和统计数据来量化和分析风险的一种方法。与定性评估方法相比，定量评估方法更加精确和可重复，并可以提供更多的信息和支持，以支持组织做出决策。常用的定量评估方法有统计分析、故障模式与影响分析等，具体情况如表 2-4 所示。

表 2-4　常用的定量评估方法

名称	具体内容	优点	缺点
统计分析	统计分析是通过收集和分析历史数据、案例研究或实验结果等，来确定风险发生的概率和影响程度。常用的统计方法包括概率分布函数分析、回归分析、时间序列分析等	基于数据和统计，能够提供较为准确和客观的风险评估结果	需要大量的数据和专业知识，对数据质量要求较高
故障模式与影响分析	故障模式与影响分析是一种通过系统地识别和评估潜在故障模式及其影响的方法。它通常通过评估故障的可能性、严重程度和探测能力来计算风险优先级数值，并以此为基础进行排序和决策	系统性分析和量化风险，能够提供详细的故障和影响信息	需要专业知识和经验，对数据需求较高
风险概率和影响评估矩阵	类似于定性评估方法中的风险矩阵，定量评估方法也可以使用矩阵来对风险的概率和影响进行量化评估。但不同之处在于，定量评估方法使用数字或百分比来表示概率和影响级别，并通过计算得到风险的数值评估结果	量化风险，提供更精确和可比较的评估结果	受主观因素影响，可能存在个人偏见

名称	具体内容	优点	缺点
模型和模拟	利用数学模型、模拟工具或仿真技术来模拟和分析风险情景，以获取风险发生的概率和影响程度。常见的模型和模拟方法包括蒙特卡罗（Monte Carlo）模拟、系统动力学模型等	能够模拟多种复杂的风险情景，提供较为准确的定量评估结果	需要专业知识和工具支持，对数据和参数设定要求较高

通过上述方法，定量评估方法能够更准确地量化风险，并提供数据支持和决策依据。定量评估方法可以结合定性评估方法使用，以综合评估风险的全貌。定量评估方法帮助组织更好地理解风险，并根据评估结果采取相应的风险控制措施。

2.4　风险控制策略和措施

风险控制策略和措施是在识别和评估风险的基础上，采取的一系列措施和方法，以减少、避免或管理风险的影响。这些策略和措施的目标是保护组织的利益、降低损失，并确保组织能够持续运营。下面是一些常见的风险控制策略和措施：

（1）风险避免

这是一种最直接和彻底的控制策略，通过避免与高风险相关的活动或决策，使组织完全摆脱风险。这可以通过将高风险活动外包给专业公司、关闭高风险项目或业务、遵守相关法规等方式来实现。

（2）风险减轻

该策略旨在减少风险的影响和概率，以降低风险的程度。一些常见的风险减轻措施包括加强安全措施、改进工作过程、增加备份和冗余机制、提高员工培训和意识等。

（3）风险转移

这是将风险的责任和损失转移给其他方的一种策略。常用的风险转移方式包括购买保险、签订合同、外包服务等。通过这种方式，组织可以将一部分或全部风险转移给保险公司、供应商或其他合作伙伴。

（4）风险分摊

此策略将风险分摊给多个相关方，以减少单个组织承担的风险量。这可以通过合作、共享资源、建立合作伙伴关系等方式实现，以确保多个利益相关方共同分担风险。

（5）风险控制计划

制定和实施风险控制计划是有效管理风险的关键。该计划应明确规定谁负责执行控制措施、何时执行、使用什么资源，以及如何监测和报告风险状况。风险控制计划应根据风险特征和优先级制定，并与相关方进行沟通和协调。

（6）风险评估和回顾

风险评估和回顾是风险管理过程中的关键环节。通过定期评估和回顾风险，组织可以监测风险状况、检查控制措施的有效性，并及时调整和改进控制策略。这可以通过定期审核、巡检、内部审计等方式实现。

以上述策略和措施为基础，风险控制策略和措施帮助组织降低和管理风险，保护组织的利益和资产。在制定风险控制策略和措施时，组织应根据特定的风险情况、资源限制和法律法规要求来进行权衡和选择。

2.4.1 风险消除和替代

风险消除和替代是风险控制策略中的一种重要方法，旨在通过消除或替代风险源，以减少或完全消除潜在风险对组织的影响。这种策略的目标是在源头上消除或减少风险，以降低风险的发生概率和严重程度。下面是风险消除和替代的一些常用方法：

（1）设计改进

通过产品、过程或系统的设计改进来消除或减少风险。例如，在设计产品时添加安全功能或保护装置，优化工作流程以减少人为错误等。通过改进设计，可以减少潜在的风险来源。

（2）材料选择

选择更安全和可靠的材料以替代有风险的材料。例如，使用阻燃材料替代易燃材料，使用环保材料替代有毒材料等。良好的材料选择可以降低风险的概率和影响。

（3）工艺改进

改进生产或操作过程以消除或减少风险。例如，优化机械设备的安全保护装置，改进操作步骤以减少人员误操作等。通过改进工艺，可以降低事故和故障的发生概率。

（4）替代品使用

使用更安全或更可靠的替代品来替代有潜在风险的产品或设备。例如，使用无酒精消毒剂替代易燃的酒精消毒剂，使用电动工具替代手持动力工具等。替代品的使用可以降低潜在的风险。

（5）自动化和机械化

引入自动化或机械化技术来减少人为错误和人身伤害的风险。例如，使用机器人替代人工操作，使用自动控制系统替代手动调节等。自动化和机械化可以降低人员参与引起的风险。

（6）合规性要求

符合相关法规、标准和行业要求，以确保对风险的合规性。例如，遵守安全标准和规范，进行安全审核和认证。合规性要求可以帮助组织确保风险得到有效控制。

风险消除和替代策略强调从源头上消除或减少风险，以确保组织在操作和生产过程中的安全性与可靠性。通过采取这些措施，组织可以降低事故和损失的发生概率，并提高工作环境的安全性。在应用风险消除和替代策略时，组织应考虑技术可行性、经济成本、资源投入等因素，并确保所采取的措施符合相关法规和标准要求。

2.4.2 风险减轻和隔离

风险减轻和隔离是风险控制策略中的一种方法，旨在通过采取相应的措施和技术手段，减少风险的影响和概率，以保护组织免受风险的损害。这种策略的目标是降低风险的程度，并防止风险扩散和传播。下面是风险减轻和隔离的一些常用方法：

（1）安全措施

加强安全措施以减少事故和伤害的发生。这包括安装安全设备、设施和保护装置，例如安全防护栏、安全警报系统、防火墙等。通过采取这些措施，可以减少潜在风险对人员和资产的威胁。

（2）风险隔离

将风险源与其他系统或环境分隔开来，以避免其对整个组织的影响。这可以通过将高风险活动或操作分隔到单独的区域、建立隔离区域或使用物理屏障等方式实现。风险隔离可防止风险的扩散和蔓延，保护组织的其他部分。

（3）备份和冗余

建立备份系统、设备或资源以应对潜在风险。这可以包括备份数据和文件、使用冗余设备或系统、建立备用供应链等。通过备份和冗余机制，可以减少风险事件的影响，并确保组织能够迅速恢复正常运营。

（4）培训与教育

通过培训和教育提高员工的安全意识和技能，使其能够正确应对风险。培训应包括对风险的认识、预防措施的知识和操作规程的培训等。有效的培训和教育可以帮助组织建立安全文化，并增强员工在风险管理中的参与度。

（5）应急响应计划

制定和实施应急响应计划，以应对风险事件的发生。该计划应包括灾难恢复、紧急疏散、通信和协调等措施，以确保在风险事件发生时能够迅速、有效地应对，并最大限度地减少损失和影响。

通过采取风险减轻和隔离的策略和措施，组织可以降低风险的概率和影响，并保护自身免受损害。在应用这些措施时，组织应根据特定的风险情况和实际需求来制定和实施，同时考虑成本效益、技术可行性和合规性要求。风险减轻和隔离应作为整个风险管理过程中的重要环节，并与其他风险控制策略相结合使用，以确保组织对风险的全面管理。

2.4.3　风险警示和防护设施

风险警示和防护设施是风险控制策略中的一种关键方法，旨在提供预警和防护措施，以减少风险对组织和人员的威胁。这种策略的目标是通过提供可见的警示信号和防护设施来增加人们的意识，并提供有效的防护措施以应对潜在的风险。下面是风险警示和防护设施的一些常用方法：

（1）标志和标识

使用标志和标识来提醒人们潜在的风险存在。例如，在危险区域放置标志牌、标识安全出口等，以引起人们的注意并提醒他们注意潜在的风险。

（2）警报系统

部署警报系统以在风险事件发生时发出声音或光信号，以提醒人们采取相应的应急措施。警报系统可以包括火灾警报器、紧急广播系统、安全警报装置等。

（3）监控和报警装置

安装监控摄像头、入侵报警器等设备，以监测和检测潜在的风险情况，并及时发出警报。这有助于及早发现和应对突发事件，减少损失和影响。

（4）防护设施

采用物理或技术措施来提供防护，以减少潜在的风险对人员和资产的威胁。这可以包括安全栅栏、防护墙、防爆器械等，以阻止未经授权的人员进入危险区域或限制他们的活动。

（5）紧急避难设施

提供紧急避难设施，以便人们在风险事件发生时能够及时寻找安全避难所。这可以包括避难室、紧急疏散通道等，以确保人员的安全和生命的保护。

（6）紧急通信系统

建立紧急通信系统，以便在风险事件发生时能够及时沟通和协调。这可以包括应急广播系统、紧急联络渠道、热线电话等，以确保及时传递重要信息和指示。

通过采取风险警示和防护设施的策略与措施，组织可以提高人们对风险的意识，并为他们提供必要的保护和防护。这有助于减少事故和伤害的发生，并增加组织的安全性和可靠性。在应用这些措施时，组织应根据特定的风险情况和实际需求进行评估和选择，并确保其符合相关法规和标准要求。风险警示和防护设施应与其他风险控制策略相结合使用，以确保组织对风险的全面管理。

第3章
安全政策与安全目标

安全政策和安全目标是组织确保安全的关键要素。安全政策是一个组织制定的官方文件，明确规定了组织对安全的承诺、目标和原则。它为组织内外部的人员提供了指导和参考，以确保他们在工作和操作中遵循适当的安全措施。

3.1　安全政策的制定和执行

安全政策的制定和执行是组织确保安全的第一步。通过明确制定并有效执行安全政策，组织能够为员工和利益相关方提供明确的指导与期望，建立起一个安全意识和安全文化的框架。

通过有效制定和执行安全政策，组织可以建立起一个明确的安全框架，为员工提供清晰的安全指导和期望。这有助于促进人们的安全意识和安全文化，并为组织的风险管理提供一个坚实的基础。同时，持续监测和改进安全政策的执行，可以确保组织的安全措施与风险环境保持一致，并持续提升整体安全水平。

3.1.1　安全政策的内容要素

当制定安全政策时，需要考虑表 3-1 所示的内容要素。

需要注意的是，安全政策应根据组织的特定需求和风险情况进行制定，以确保其在实际操作中的有效性和可操作性。此外，安全政策还应与其他组织政策和流程相协调，以促进整体的安全管理和实施。

表 3-1　制定安全政策时考虑要素

要素	具体内容
安全目标和方针	安全政策应明确规定组织的安全目标和方针。安全目标是关于保护组织资产、预防事故和保障人员安全的具体目标。安全方针则是指组织对安全价值观和原则的陈述
安全组织与责任	安全政策应明确规定与安全相关的组织结构和责任分配。这包括指定安全负责人、安全团队的职责和权限，并确保安全责任在各个层级上得到落实
风险评估和管理	安全政策应指导组织对风险进行评估和管理。风险评估是识别和评估可能对组织安全造成威胁的潜在风险的过程。风险管理则包括采取措施降低风险、制定应急计划和建立监测机制等
安全培训和意识	安全政策应强调组织内部的安全培训和意识提高。这包括提供必要的培训课程和资源，使员工了解安全政策，掌握应对安全风险的知识和技能，并提高个人的安全意识
安全控制措施	安全政策应规定必要的安全控制措施。这包括技术控制（如访问控制、加密）、物理控制（如门禁系统、监控设备）和管理控制（如安全审计、事件响应）等，以确保组织的安全性
法律和合规要求	安全政策应涉及相关的法律和合规要求。这包括适用的法规、标准和行业规范，以及组织自身的合规要求。安全政策应明确组织对法律法规的承诺，并指导组织遵守相关规定
审查和更新机制	安全政策应制定审查和更新机制，以确保其与组织的要求保持一致。这包括定期审查安全政策的有效性和实施情况，并在需要时进行修订和更新，以适应不断变化的环境

3.1.2　安全政策的沟通和宣传

在制定安全政策后，为了确保其有效实施，需要进行适当的沟通和宣传。以下是关于安全政策沟通和宣传的一些建议。

（1）内部沟通

包括通过内部会议、培训课程、电子邮件、公司通讯等渠道向员工传达安全政策的内容和重要性。确保每位员工都理解自己在实施安全政策中的责任和角色，并提供必要的支持和资源。

（2）外部沟通

对于外部合作伙伴、客户和其他相关方，也应适当地传达安全政策的核心原则和目标。这可以通过合同条款、供应商管理程序、网站上的声明等方式进行。确保外部方面了解组织对安全的关注和承诺，并遵守相关政策和要求。

（3）宣传材料

为了更好地传达安全政策，可以开发宣传材料，如海报、手册、宣传册等。这些材料应简洁明了，以吸引人们的注意力，并提供清晰的指导和信息，以便人们随时参考。

（4）多媒体工具

利用现代技术，如公司内部网站、电子公告板、培训视频等，以多种形式传达安全政策。这些多媒体工具能够更生动地呈现政策内容，并帮助员工更好地理解和掌握安全知识。

（5）定期反馈和提醒

持续向员工提供安全政策的反馈和提醒是至关重要的。可以通过定期的安全事件通报、违规行为处理、员工奖励机制等方式，加强对安全政策的重视和遵守，并及时纠正不当行为。

（6）培训课程

提供必要的安全培训课程，使组织成员了解安全政策的内容和要求，掌握相应的安全知识和技能。培训课程可以包括面对面的培训、在线培训、模拟演练等形式。确保培训与成员的角色和职责相匹配，并与组织的实际情况相适应。

（7）参与和互动

为了激发员工对安全政策的积极参与和支持，可以开展相关的活动和培训。例如，组织安全意识周、模拟演练、安全竞赛、小组讨论、案例分享等，以增强员工的安全意识和行为习惯。

（8）定期审查和更新

随着时间的推移，组织的需求和环境可能会发生变化。因此，定期审查和更新安全政策是必要的。确保政策始终与组织的实际情况匹配，并及时通知员工有关任何更改。

通过有效的安全政策沟通和宣传，可以提高员工对安全的认识和意识，确保他们理解并遵守安全政策的要求，从而减少潜在的安全风险。

3.2 确立安全目标和指标

在安全管理中，确立安全目标和指标是至关重要的一步，它可以帮助组织明确安全的期望结果，并为安全管理提供一个定量化和可衡量的标准。以下是关于确立安全目标和指标的一些建议。

（1）确定关键安全领域

首先，确定组织中最关键的安全领域。这可以通过风险评估、过往事件的分析以及与相关方的讨论来确定。关键安全领域可能涉及物理安全、信息安全、环境安全等。

（2）制定安全目标

针对每个关键安全领域，制定明确的安全目标。安全目标应该是可量化、可实现和具体的。例如，减少事故发生率、提高员工安全意识、降低数据泄露风险等。

（3）设定安全指标

为了量化安全目标的达成程度，需要制定相应的安全指标。安全指标应与安全目标直接相关，并且要能够提供有意义的衡量和评估。例如，事故发生率、安全合规得分、安全培训覆盖率等。

（4）参考法规和标准

参考适用的法规、标准和行业最佳实践，以确定适合组织的安全目标和指标。这些法规和标准通常提供了被广泛接受的安全要求，并可以作为制定安全目标和指标的基础。

（5）确定时间框架

为每个安全目标和指标设定合理的时间框架。这有助于确定目标的达成时间，并提供一种评估安全改进的方式。时间框架可以是年度、季度或其他适当的时间间隔。

（6）监测和评估

建立监测和评估机制，跟踪安全指标的实际表现，并进行定期的评估。这可以通过收集和分析相关数据、开展安全巡检和抽样评估、进行内部和外部审核等方式来实现。

（7）持续改进

根据安全指标的表现和评估结果，及时采取相应的纠正措施和改进举措。持续改进是确保安全目标得以实现和维持的关键步骤。

通过确立明确的安全目标和指标，组织可以更好地管理和改进安全绩效，提高安全管理的可持续性和有效性。这不仅有助于减少风险和事故的发生，还能提升员工对安全的重视和参与度。

3.2.1 SMART 原则

在确立安全目标和指标时,使用 SMART 原则可以帮助确保目标具备可衡量性、可实现性和明确性。SMART 是指以下五个要素:Specific(具体的)、Measurable(可衡量的)、Attainable(可实现的)、Relevant(相关的)和 Time-bound(有时间限制的)。具体见表 3-2。

表 3-2 SMART 原则具体构成及含义

名称	含义
Specific(具体的)	安全目标和指标应该具备明确的描述和明确的内容。它们应该针对特定的安全问题、活动或领域。例如,"减少工作场所事故发生率"是一个具体的目标,而"提高安全性"是一个不够具体的目标。具体性有助于清晰地定义安全目标和指标,并避免模糊性或歧义
Measurable(可衡量的)	安全目标和指标应该是可量化的,能够收集相关数据并进行度量。这样,就可以定期评估安全绩效,并确定是否达到了预期的目标。例如,"减少事故发生率至少 10%"是一个可衡量的目标,因为可以通过统计数据来衡量事故发生率
Attainable(可实现的)	安全目标和指标应该是可实现的,并且可以通过组织内部的努力和资源达到。目标应该基于实际的能力和条件,考虑到组织的资源、技术和人力等方面的限制。确保目标的设定是可行的,并且可以根据现实情况进行调整和改进
Relevant(相关的)	安全目标和指标应该与组织的战略和业务目标相关联,以确保安全管理与组织的整体目标保持一致。目标应该与组织的价值观和优先事项相一致,并能够对组织的安全性产生积极影响。确保目标的设定是与组织需求和上级要求相符的
Time-bound(有时间限制的)	安全目标和指标应该设定明确的时间框架,以便评估和监控进展情况。时间限制帮助提供目标达成的时间表,并推动及时采取行动。例如,将目标设定为"在下一个财年内减少 30%的安全事故发生率"即设定了明确的时间限制

使用 SMART 原则可以使安全目标和指标更加具体、可衡量、可实现、相关和有时间限制。这样的目标和指标可以帮助组织更好地衡量和改进安全绩效,以实现预期的安全管理目标。

3.2.2 安全目标的制定和分解

(1)确定关键安全领域

首先,确定组织中最关键的安全领域,例如物理安全、信息安全、环境安全等。这可以通过风险评估、过往事件的分析以及与相关方的讨论来确定。

(2)制定顶层安全目标

制定与每个关键安全领域相关的顶层安全目标。这些目标应与组织整体战略目标相一致，并应与 SMART 原则相符。确保这些目标是高层次、可衡量和具有挑战性的，以激发组织的动力。

（3）分解为子目标

将顶层安全目标进一步分解为更具体、更可操作的子目标。子目标应对应于不同的安全领域和活动，并与相关的业务流程和职能相联系。确保这些子目标是可衡量的，并与顶层目标保持一致。

（4）设定具体指标

为每个子目标设定具体的指标，以便能够量化目标的实现程度。这些指标可以是数量化的、质量化的或时间相关的，具体取决于目标的性质和需要。确保指标与子目标直接相关，并且能够提供有意义的衡量和评估。

（5）确定责任和时间框架

明确每个子目标的责任方和时间框架。确定哪些部门、团队或个人负责实现每个子目标，并为其设定适当的时间框架和期限。这有助于确保目标的责任和追踪，并推动及时采取行动。

（6）建立监测和评估机制

建立监测和评估机制，以追踪和评估安全目标的实际表现。这可以通过收集和分析相关数据、开展安全巡检和抽样评估、进行内部和外部审核等方式来实现。确保定期对目标的进展情况进行审查和反馈，并及时采取必要的纠正措施。

（7）持续改进

根据目标的实际表现和评估结果，及时采取纠正措施和改进举措。持续改进是确保安全目标得以实现和维持的关键步骤。通过不断的学习和反馈，不断完善并优化目标和指标的设定。

通过以上步骤，组织可以将顶层安全目标分解为更具体和可操作的子目标，并为其设定明确的指标和时间框架。这有助于组织更好地管理和改进安全绩效，实现预期的安全管理目标。

3.3 安全政策和目标的沟通与培训

在安全管理中，沟通与培训是确保组织成员理解和遵守安全政策和目标的关键步骤。

通过有效的沟通和培训，组织成员可以更好地理解安全政策和目标的内容与要求，增强安全意识和行为习惯，从而减少潜在的安全风险。这将有助于建立一个积极的安全文化，并确保安全管理得到有效实施。

3.3.1 内部沟通和培训

在安全管理中，内部沟通和培训对于确保组织成员了解与遵守安全政策和目标至关重要。以下是关于内部沟通和培训的一些建议：

（1）全员会议

组织全员会议是一种传达安全政策和目标的有效方式。通过在全体成员参与的会议上介绍和讨论安全政策的重要内容，可以确保信息传递到每个成员。会议上可以解释为什么安全政策和目标重要，并强调每个成员的责任和参与。

（2）部门会议

定期召开部门会议，将安全政策和目标作为重要议题之一进行讨论。部门会议提供了一个更小的范围，以便更加深入地讨论特定部门与安全相关的问题，并确保每个成员都明确了自己在实施安全政策和目标方面的责任和角色。

（3）员工培训

提供针对不同岗位和职责的安全培训课程。这些培训课程可以涵盖基本的安全知识、操作规程、风险识别和应对等方面。确保培训课程与成员的实际工作任务相匹配，并提供实际案例和模拟演练，以增强学习效果。

（4）定期发布通讯

通过电子邮件、内部网站、公司通讯等渠道定期发送安全相关的通讯。这些通讯可以包括安全政策更新、成功案例分享、风险提醒等内容。确保通讯简洁明了，易于理解，并与成员的实际工作相关。

（5）安全意识活动

开展各种安全意识活动，以激发员工对安全政策和目标的积极参与和支持。例如，安全周活动、安全知识竞赛、安全漫画/海报设计比赛等。这些活动可以提高员工的安全意识，并促进员工之间的交流和学习。

（6）管理者负责人培训

培训管理者和负责人，使其能够有效地传达安全政策和目标。管理者和负责人是组织中的关键人员，他们在传达和执行安全政策方面扮演着重要的角色。他们需要了解安全政策和目标，并具备良好的沟通和教育能力。

（7）定期回顾和评估

定期回顾安全政策和目标的实施情况，并进行评估。这可以包括与员工的个别讨论、小组讨论、匿名调查等，以了解他们对安全政策和目标的理解程度与遵守情况。根据反馈结果，及时调整培训和沟通策略。

通过内部沟通和培训，组织可以确保安全政策和目标的内容与重要性得到广泛传达和理解。这有助于建立积极的安全文化，并确保每个成员都清楚自己在实施安全政策和达成目标方面的责任与角色。

3.3.2 外部沟通和合作

当涉及安全管理时，外部沟通和合作是非常重要的方面。与外部利益相关者进行有效沟通和建立合作关系可以增强组织的安全能力，并提高整体安全管理的效果。以下是关于外部沟通和合作的几个重要方面：

（1）制定合作伙伴关系

建立与相关机构、组织或个人的合作伙伴关系是安全管理的关键。这些合作伙伴可能包括政府部门、行业协会、社区团体、供应商和客户等。通过与这些合作伙伴密切合作，可以共享信息、资源和最佳实践，以更好地应对安全挑战。

（2）信息共享和合作

加强与外部利益相关者之间的信息共享和合作是确保整体安全的重要手段。与其他组织和机构分享有关威胁、漏洞和事件的信息可以帮助各方更快地做出反应并采取适当的措施。此外，还可以共同开展研究和评估项目，以增进对安全风险和趋势的理解。

（3）联合演练和训练

与外部合作伙伴一起进行联合演练和训练可以提高组织的整体安全响应能力。通过模拟真实场景，可以测试和改进应急响应计划，并加强各方之间的协调和合作。此外，定期的培训活动可以帮助提高外部利益相关者对安全问题的认识和理解。

（4）共同制定政策和标准

与外部合作伙伴共同制定安全政策和标准可以确保一致性与合规性。这些政策和标准可以包括共同的安全要求、流程和控制措施，以确保各方在安全管理方面达到统一的标准。通过建立共同的框架，可以促进跨组织的安全合作。

（5）共同宣传和教育

与外部合作伙伴一起进行宣传和教育活动可以提高广大公众对安全问题的意识与理解。通过共同发起宣传活动、举办培训研讨会和发布教育资料，可以扩大安全意识的影响范围，并促进社会的整体安全。

在与外部利益相关者进行沟通和合作时，需要建立明确的沟通渠道和有效的沟通机制。双方应保持定期的交流和互动，积极倾听对方的需求和意见，并寻求共同解决问题的途径。通过有效的外部沟通和合作，可以提升组织的整体安全水平，应对各种安全挑战。

第4章
组织安全管理体系

组织安全管理体系是一个系统化的方法，用于规划、实施、监督和改进组织的安全管理活动。它提供了一种结构化的方式，帮助组织对安全问题进行全面和连续的管理。

4.1 安全管理体系的架构和要素

安全管理体系是一个组织在安全管理方面所采用的结构化方法和方法论。它提供了一种框架，帮助组织规划、实施、监督和改进其安全管理活动。以下是安全管理体系的主要架构和要素。

（1）领导承诺

安全管理体系的首要要素是高层管理对安全的承诺和支持。领导层应制定明确的安全政策，并确保其与组织的核心价值观和战略目标保持一致。他们应该为安全问题提供资源，并为安全目标的实现设定激励机制。

（2）组织架构

安全管理体系应建立一个清晰的组织架构来定义各个部门和个人的安全职责和义务。这包括指定安全负责人和团队，并确保他们具备适当的权力和资源来履行安全职责。

（3）管理程序和措施

安全管理体系需要制定一套管理程序和措施，以确保安全目标得到有效实施。

这些程序和措施包括安全规章制度、安全培训计划、安全风险评估和控制措施等，以确保各项安全活动的一致性和标准化。

（4）安全风险管理

安全管理体系应包括一套风险管理程序和方法，用于识别、评估和管理组织所面临的安全风险。这包括对潜在风险的分析、风险评估和优先级排序，以确定适当的风险控制措施和应急响应计划。

（5）性能评估和监测

安全管理体系需要建立一套指标和评估机制，用于监测和评估安全管理活动的执行情况与效果。这可以通过内部审核、自评或外部审核来实现。通过监测关键指标，组织可以及时发现问题并采取纠正措施。

（6）持续改进

持续改进是安全管理体系的核心原则之一。组织应该建立一个循环的改进过程，不断寻求提高安全管理活动的效能和效果。这包括对流程和程序的定期审查，以及根据实践经验和最佳实践的学习进行相应调整。

（7）培训和教育

培训和教育是安全管理体系中非常重要的要素。组织应该提供适当的培训和教育机会，以提高员工对安全问题的认识和理解，并帮助他们掌握必要的技能和知识，以更好地履行安全职责。

通过建立一个完善的安全管理体系，组织可以更好地应对和管理各种安全风险与威胁。它提供了一种系统化的方法，帮助组织在安全管理方面实现持续改进和卓越表现。

4.1.1　组织架构和职责

在安全管理体系中，组织架构和职责的确立是确保安全管理有效性的关键要素。它涉及确定安全职责、划分安全责任，并确保相关部门和个人具备适当的权力和资源来履行安全职责。以下是组织架构和职责的几个核心方面。

（1）安全负责人

安全负责人是安全管理体系的核心角色之一。他们负责领导和协调组织的安全管理活动，并确保安全政策和目标得到有效实施。安全负责人通常位于高层管理层，并与其他部门负责人密切合作，以确保整体一致性和协调性。

（2）安全团队

安全管理体系需要设立一个专门的安全团队来支持安全负责人的工作。这个团队可以包括安全经理、安全专家、安全事务协调员等角色，他们负责执行和协调各种安全管理活动，监测和评估安全风险，并提供相关的培训和指导。

（3）安全委员会

对于大型组织或跨部门的机构来说，建立一个安全委员会是非常有益的。安全委员会由各个相关部门的代表组成，负责协调安全事务、制定安全政策和标准，并确保各部门之间的沟通和合作。安全委员会通过定期会议来讨论和解决安全问题，并提出改进建议。

（4）部门安全职责

在组织中，每个部门都应该有明确的安全责任和职责。这些责任和职责应根据部门的特定功能和职能进行划分，并与整体安全目标相一致。例如，设备维护部门负责确保设备的安全性和可靠性，人力资源部门负责执行背景调查和培训，IT 部门负责网络安全管理等。

（5）交叉合作

安全管理体系中，不同部门之间的交叉合作至关重要。安全问题通常涉及多个领域和方面，需要各部门之间的密切合作和协调。通过建立良好的沟通渠道和机制，各部门可以共享信息、资源和最佳实践，以提高整体安全管理的效能。

（6）资源支持

组织在安全管理中需要投入适当的资源，包括人力、财力和技术支持。安全管理体系应确保各个相关部门和个人具备适当的资源来履行安全职责，包括提供培训机会、更新设备和技术、提供经费支持等。

通过建立明确的组织结构和职责，组织可以实现各级安全职责的分工与合作，确保安全管理体系的有效性和一致性。每个成员都应了解自己在安全管理中的职责和义务，并积极参与到安全活动中，以共同维护组织的安全和稳定。

4.1.2　安全管理文件和程序

安全管理文件和程序是组织安全管理体系的核心组成部分。它们提供了指导和支持组织安全管理活动的具体规程和操作方法。以下是安全管理文件和程序的几个重要方面：

（1）安全政策

安全政策是组织安全管理的基础，它明确了组织对安全的承诺和期望。安全政策应明确、简明，并与组织的核心价值观和战略目标保持一致。它应由高层管理层制定，并得到广泛传达和理解。

（2）安全手册或规章制度

安全手册或规章制度包含了组织在安全管理方面的具体规定和要求。它提供了员工在日常工作中遵守的准则和规范。安全手册或规章制度应涵盖各个方面，如安全责任、紧急情况应对、设备和设施使用、访客管理等。

（3）安全操作程序

安全操作程序是针对特定活动或任务的详细步骤和指导。它们描述了如何执行特定安全任务，包括操作流程、控制措施和风险评估。安全操作程序应经过详细的编写和验证，并确保与相关的安全要求和标准一致。

（4）事故应急响应计划

事故应急响应计划是组织准备应对紧急情况和事故的指导方案。它包括灾难恢复、人员疏散、通信协调、资源调配等措施。应急响应计划应经过充分的规划和测试，并确保各个部门和个人了解自己在应急响应中的职责和任务。

（5）安全审核和检查程序

安全审核和检查程序用于评估和监督组织的安全管理活动的有效性与合规性。它们可以包括定期的内部审核、外部审计、自评和监测活动等。通过这些程序，组织可以发现问题、识别改进机会，并采取适当的纠正和改善措施。

（6）培训和教育计划

培训和教育计划是确保组织成员具备必要的安全知识和技能的重要手段。它包括安全培训课程、教育材料、培训工具等。培训和教育计划应与组织的安全目标和要求相一致，并根据员工的需要和角色进行定制。

安全管理文件和程序应经过适当的编写、验证和授权，并定期进行审查和更新。它们应可靠、易于理解，并广泛传达给组织成员。通过有效的安全管理文件和程序，组织可以确保安全活动的一致性和标准化，提高安全管理的效能和效果。

4.2 管理层的职责和义务

在安全管理体系中，管理层在确保组织安全的过程中扮演着关键的角色。他们负责领导、指导和监督组织的安全管理活动，并确保安全政策和目标得到有效实施。

4.2.1 领导层的安全承诺

领导层在安全管理中的安全承诺是确保组织安全管理有效性的关键因素之一。他们的安全承诺体现了对安全的重视和承诺，并为整个组织树立了一个积极的安全文化。以下是关于领导层的安全承诺的几个重要方面。

（1）制定明确的安全政策

领导层应制定明确的安全政策，该政策应包含对安全的总体承诺、目标和指导原则。安全政策应与组织的核心价值观和战略目标保持一致，并体现领导层对安全的重视和关切。

（2）设立安全目标和指标

领导层应设立具体的安全目标和指标，以衡量和监督组织的安全绩效。这些目标和指标可以基于关键安全风险、事件发生率、培训覆盖率等方面来设定，并应与组织整体绩效考核相结合。

（3）资源支持和投资

领导层应将必要的资源和投资分配给安全管理活动。这包括人力资源、财力和技术支持等方面的资源。领导层应确保有足够的预算、设备和培训机会，以满足安全管理的需求，并提供必要的支持和保障。

（4）提供培训和教育机会

领导层应向组织成员提供适当的培训和教育机会，以提高他们对安全问题的认识和理解。这包括安全意识培训、技能培训和应急响应培训等。通过培训和教育，领导层可以提高组织成员的安全意识和能力。

（5）设立激励措施

领导层应设立适当的激励措施，以鼓励和奖励员工在安全管理中的积极参与和表现。激励措施包括奖励、表彰和晋升机会等，以激发员工对安全的关注和投入。

树立榜样和示范行为：领导层应树立榜样，通过自身行为和决策来表达对安全的承诺和重视。他们应严格遵守安全规定和程序，并对不符合安全要求的行为和决策予以纠正。领导层的示范行为对组织成员起到榜样作用，进一步推动全员参与并营造积极的安全文化。

定期沟通和回顾：领导层应定期与组织成员进行沟通，阐述安全政策、目标和重要事项。他们应与员工交流安全问题，并征求员工的意见和建议。此外，领导层还应定期回顾安全绩效和改进机会，以持续改善组织的安全管理体系。

领导层的安全承诺对于组织的整体安全文化和管理体系具有重要影响。通过明确的安全政策和目标，提供资源支持和培训机会，并树立榜样和示范行为，领导层可以激励和引导组织成员积极参与安全管理活动，并建立一个注重安全的工作环境。

4.2.2 安全目标的设定和跟踪

安全目标的设定和跟踪是管理层在安全管理体系中的重要职责之一。通过设定明确的安全目标，并跟踪其实现情况，可以衡量和监督组织的安全绩效，并推动持续改进。以下是安全目标的设定和跟踪的几个关键方面。

（1）设定可量化的目标

安全目标应具备可量化的特性，以便进行跟踪和评估。这些目标可以基于关键安全绩效指标（KPIs）来设定，如事故发生率、安全培训覆盖率等。设定可量化的目标有助于制定具体的行动计划，并提供对安全绩效的可视化度量。

（2）与组织战略目标相一致

安全目标应与组织的战略目标保持一致。安全管理不仅仅是一个单独的功能，它还应融入到组织整体运营和业务目标中。管理层应确保安全目标与其他战略目标相协调，并体现出对安全的战略重视。

（3）参考法律法规和标准

管理层在设定安全目标时应考虑适用的法律法规和行业标准。这些法律法规和标准可以提供对安全管理的基本要求和最佳实践。设定符合法规和标准要求的目标，有助于确保组织在合规性和法律义务方面的表现。

（4）跟踪和监测

一旦安全目标设定完成，管理层应建立相应的跟踪和监测机制，包括定期收集和分析与安全目标相关的数据和指标。跟踪和监测可以提供对实际进展和绩效的洞察，并为监督和改进安全管理活动提供依据。

（5）持续改进

跟踪安全目标的实现情况是推动持续改进的重要手段。通过定期评估安全目标的达成情况，并比较实际绩效与预期目标之间的差距，管理层可以识别改进机会和制定相应的改进计划。持续改进安全目标的设定和跟踪过程，有助于提高组织的整体安全绩效。

（6）沟通和报告

管理层应定期向组织内部和外部相关方报告安全目标的达成情况。这样可以确保安全目标的透明度和责任追踪，并与利益相关者分享安全绩效的信息。有效的沟通和报告可以提升安全管理的透明度和信任度。

通过设定明确的安全目标，并跟踪其实现情况，管理层可以确保组织在安全管理方面有明确的方向和目标。这有助于推动组织成员参与安全管理活动，并持续改进安全绩效。通过与战略目标相一致，并参考法规和标准要求，安全目标的设定和跟踪有助于提高组织的整体安全水平。

4.3 安全责任制的建立和维护

建立和维护安全责任制是组织安全管理体系的核心要素之一。安全责任制涉及将安全职责明确分配到各个层级和部门，并确保各个成员和团队了解自己在安全管理中的职责与义务。

4.3.1 安全职责的分工和透明度

在安全管理体系中，确立安全职责的分工和透明度是建立有效安全责任制的关键。安全职责的分工确定了每个人在安全管理中的具体任务和职责范围，而透明度则确保所有相关人员清楚地了解安全职责并能够履行其义务。以下是安全职责的分工和透明度的几个关键方面。

（1）规定安全职责

安全职责的分工应根据组织结构和安全管理需求进行规定。不同部门和岗位可能承担着不同的安全任务和责任。例如，设备维护部门负责设备安全性的维护，人力资源部门负责人员背景调查和培训等。通过明确规定安全职责，可以确保每个人都清楚自己在安全管理中的具体职责和义务。

（2）协调跨部门合作

安全职责的分工需要考虑跨部门的合作和协调。不同部门之间可能存在依赖和互动关系。管理层应促进不同部门之间的交流和合作，确保各个部门在执行自己的安全职责时能够协调一致，共同推进安全管理工作。

（3）清晰的工作指导和流程

为确保安全职责的履行，应提供清晰的工作指导和流程。这包括制定操作规程、安全程序和控制措施等，以确保在安全管理过程中能够按照标准化的方式执行工作。透明的工作指导和流程有助于消除不确定性，并促进安全职责的透明度和一致性。

（4）培训和教育

培训和教育是提高安全职责透明度的重要手段。通过提供相关的培训课程和教育材料，组织成员可以更好地了解自己在安全管理中的职责，并掌握必要的安全知识和技能。培训和教育还可以帮助消除对安全职责的误解，并提高组织成员对安全问题的认识和理解。

（5）共享信息和沟通

透明的安全职责需要建立一个有效的信息共享和沟通机制。管理层应定期与组织成员进行沟通，阐述安全职责的重要性和实施情况。组织成员也应被鼓励向管理层报告安全问题、提出改进建议，并及时解决和反馈相关信息。

通过确立安全职责的分工和透明度，可以促进组织成员对安全职责的理解和认同，并推动他们积极履行自己的安全职责。透明的安全职责体系可建立起组织内每个人对安全的共同责任感，形成一个注重安全的企业文化。这有助于提高组织整体的安全水平，并确保在安全管理中的持续改进和卓越表现。

4.3.2 安全绩效评估和激励

安全绩效评估和激励是建立有效安全责任制的重要组成部分。通过对安全绩效进行评估，可以衡量组织和个人在安全管理中的表现，并为其提供适当的激励和奖励。以下是安全绩效评估和激励的几个关键方面。

（1）设定可量化的指标和目标

安全绩效评估需要基于可量化的指标和目标来衡量。这些指标和目标可以包括事故发生率、安全培训覆盖率、风险控制措施的执行情况等。通过设定明确的指标和目标，可以为安全绩效评估提供具体的依据。

（2）评估安全绩效

安全绩效评估可以通过多种方式进行，如内部审核、自评、外部审核等。这些评估活动应基于事实和数据，旨在识别安全绩效的强项和改进机会。评估结果对于制定改进措施和激励计划具有指导意义。

（3）提供适当的激励和奖励

根据安全绩效评估的结果，适当的激励和奖励应给予表现出色的个人和团队。这可以包括员工表彰、奖金、晋升机会等。激励和奖励可以鼓励和激发组织成员对安全的关注和投入，并提供一个积极的激励机制。

（4）反馈和改进计划

安全绩效评估还应提供及时的反馈和改进计划。管理层应向个人和团队明确解释评估结果，并讨论如何改进安全绩效。这可以包括制定行动计划、提供支持和培训机会，以推动安全绩效的持续改进。

（5）透明的沟通

安全绩效评估和激励计划需要建立一个透明和公正的环境。组织应向成员沟通评估的准则、标准和过程，并确保评估和激励计划的公平性和一致性。透明的沟通有助于提高绩效评估的可信度和接受度。

（6）持续改进

安全绩效评估和激励是一个持续改进的过程。管理层应以持续改进的思维方式来看待安全绩效，并根据评估结果不断调整和改进激励计划。持续改进的文化将推动组织成员在安全管理中的积极参与，并帮助提高整体安全绩效。

通过对安全绩效进行评估和提供适当的激励和奖励，组织可以激发成员的积极性和责任感。透明和公正的绩效评估与激励机制有助于建立一个关注安全的企业文化，促进安全责任制的有效实施和维护。这将进一步提高组织的整体安全水平，并为持续改进和卓越表现奠定基础。

4.4 内部审核和管理评审

内部审核和管理评审是安全管理体系中的重要环节，旨在确保组织的安全管理体系的有效性和符合性。这一过程通过对组织内部的各项安全管理活动进行审查和评估，以识别潜在的风险和问题，并提出改进措施，从而促进持续的改进和提高。

4.4.1 内部审核程序和要素

内部审核是安全管理体系中的核心环节之一，旨在对组织的安全管理活动进行审查和评估。为了确保内部审核的有效性和准确性，需要建立明确的内部审核程序，并遵循一些关键的要素，如表4-1所示。

表4-1　内部审核程序和要素

审核程序	要素
确定审核范围	内部审核应该明确定义审核的范围和对象。这可以包括特定的安全管理流程、政策和程序，以及相关的文件和记录。根据组织的特定需求和风险，确定内部审核的重点领域，确保审查的全面性和有效性
选拔合适的审核人员	内部审核需要由独立、客观的审核人员或审核团队执行。他们应该具备相应的专业知识、经验和技能，能够独立、准确地评估安全管理体系的符合性和有效性。审核人员还应接受适当的培训和教育，以提高他们的审核能力
制定审核计划和日程表	在进行内部审核之前，制定详细的审核计划和日程表是很重要的。这包括确定审核的时机、地点和持续时间，以及相关资源的分配和需求。内部审核计划应该与组织的重点领域和目标保持一致，并确保覆盖所有的关键流程和控制措施
进行审核活动	内部审核人员或审核团队应该按照事先确定的计划和日程表，进行实际的审核活动。这包括收集和分析相关的证据、文件和记录，以验证安全管理体系的符合性和有效性。审核人员可以采用不同的方法，如文件审查、现场观察、访谈等，以获取必要的信息和了解情况
发现问题和机会	在审核过程中，审核人员应该识别并记录发现的问题和改进机会。问题可以涉及无效或不符合要求的程序、文档缺失、资源不足等，而改进机会则是指可以提升安全管理体系的方法和措施。这些问题和机会应该被详细记录，并进行适当的分类和优先级排序
提出审核报告和改进建议	基于审核结果，内部审核人员或审核团队需要编制一份审核报告。该报告应该清晰地总结审核的发现，包括问题、改进机会和建议。改进建议应该具体、可操作，并提供适当的解决方案，以帮助组织解决问题和提升安全管理体系的效能
跟踪和监督改进措施	审核报告中的改进建议应该被组织采纳，并进行跟踪和监督。组织需要制定适当的计划和机制，以确保改进措施的有效实施和落地。跟踪和监督可以包括定期的审查会议、进度报告、绩效指标监测等，以确保改进的持续性和有效性

内部审核程序和要素是确保内部审核有效性和准确性的关键。通过明确定义审核范围、选拔合适的审核人员、制定审核计划和日程表、进行审核活动、发现问题

和机会、提出审核报告和改进建议，以及跟踪和监督改进措施，组织能够持续改进安全管理体系，并提高其效能和效果。

4.4.2　管理评审的目的和实施

管理评审是安全管理体系中的重要环节，旨在对整个安全管理体系进行定期的审查和评估。通过管理评审，组织能够确保安全管理体系的有效性、符合性和持续改进。

（1）管理评审的目的

确保安全管理体系的有效性：管理评审的主要目的之一是验证安全管理体系是否达到预期的效果和目标。通过对组织的安全政策、目标、程序和控制措施进行审查和评估，可以识别出潜在的问题和改进机会，并提出相应的措施来提高安全管理体系的效能。

确保安全管理体系的符合性：管理评审还可以帮助组织确保其安全管理体系的符合性。这包括确保安全政策和程序符合相关的法规、标准和内部要求，以及确保流程和控制措施得到正确执行和遵守。

促进持续改进：管理评审还可以促进组织的持续改进。通过识别潜在的问题和改进机会，并提出相应的改进建议，组织能够不断提升安全管理体系的水平和效果。

（2）管理评审的实施

① 确定评审周期和时间表：组织应该确定管理评审的周期和时间表。这可以根据组织的特点、风险以及相关的法规和标准来确定。通常，管理评审应该按照一定的频率进行，以确保安全管理体系的持续性和有效性。

② 选拔合适的评审人员：管理评审应该由具备相应专业知识、经验和技能的人员执行。他们应该是独立和客观的，能够提供真实、可靠的评估和建议。评审人员还应接受适当的培训和教育，以提高他们的评审能力。

③ 准备评审文件和资料：为了进行管理评审，组织应准备相应的文件和资料。这包括安全政策、程序和控制措施的文件，相关的记录和数据，以及其他与安全管理体系相关的信息。这些文件和资料应该是准确和完整的，以便于评审人员进行审查和评估。

④ 进行评审会议：管理评审通常以评审会议的形式进行。在评审会议中，评审

人员会对安全管理体系的各个方面进行审查和讨论。他们会收集和分析相关的证据和数据，并对安全政策、目标、程序和控制措施的符合性和有效性进行评估。评审会议还提供了交流和合作的机会，以确保所有相关方的参与和反馈。

⑤ 提出评审报告和改进建议：基于管理评审的结果，评审人员应该编制一份评审报告。该报告应该总结评审的发现，包括问题、改进机会和建议。改进建议应该是具体、可操作的，能够帮助组织解决问题和提升安全管理体系的效能。

⑥ 跟踪和监督改进措施：评审报告中的改进建议应该被组织采纳，并跟踪和监督其实施情况。组织应制定相应的计划和机制，以确保改进措施得到适当的执行和落地。跟踪和监督可以通过定期的回顾和报告、进度监控、绩效指标等方式进行。

通过管理评审，组织能够确保安全管理体系的有效性、符合性和持续改进。通过明确定义评审的目的、确定适当的评审周期和时间表、选拔合适的评审人员、准备评审文件和资料、进行评审会议、提出评审报告和改进建议，以及跟踪和监督改进措施，组织能够提高安全管理体系的效能和效果。

第 5 章
人员安全管理

人员安全管理是安全管理体系中的重要组成部分，旨在确保组织的人员在工作中的安全和健康。这一章节主要涵盖了以下几个方面：人员安全意识的培养和提高、岗位职责和安全责任制度、员工培训和技能提升、应急管理和员工行为规范。

5.1 人员安全意识的培养和提高

人员安全意识的培养和提高是组织安全管理的基础，它涉及向员工传达安全价值观、知识和技能，以及鼓励他们积极参与并采取安全行为。培养和提高员工的安全意识，将帮助员工更好地理解和遵守安全政策和规定，提高他们对安全风险和控制措施的认识，从而减少事故和风险的发生概率，也有助于营造积极的安全文化和氛围。

5.1.1 安全文化建设

安全文化是指组织中对安全价值观、信念和行为的共同认同和践行。它涉及整个组织的价值观、态度和行为方式，以及与安全相关的规定、流程和措施的执行情况。安全文化的建设对于确保组织的安全管理体系的有效性和持续改进至关重要。

（1）领导层的承诺和示范

领导层在安全文化建设中起着至关重要的作用。他们应该表达对安全的承诺，并以身作则地展示安全行为。这包括遵守安全规定、正确使用个人防护装备、及时报告安全问题等。

领导层还应在日常工作中强调安全意识和安全行为的重要性，鼓励员工积极参与和采取安全行动。

（2）建立开放和透明的沟通渠道

组织应建立开放和透明的沟通渠道，使员工能够自由地报告和反映安全问题、风险与事件。这可以包括匿名举报渠道、安全热线、安全电子邮件等。

组织还应定期与员工进行安全沟通，提供最新的安全信息和要求，并解释和指导员工如何遵守安全规定和措施。

（3）建立积极的安全激励机制

组织可以设立安全激励机制，以鼓励员工采取积极的安全行为。这可以包括奖励出色的安全表现、提供安全意识培训和认证、设立安全文化奖等。

安全激励机制应公平、公正，并与员工的实际安全行为和表现相对应。这将激发员工对安全的积极性和主动性，促进他们更好地遵守安全规定和措施。

（4）培养安全责任感和团队合作精神

安全责任感是安全文化建设中的关键要素之一。组织应该强调每个员工对自身安全和他人安全的责任，并鼓励员工积极参与安全管理活动。

团队合作精神也是建立良好安全文化的重要因素。组织应鼓励员工之间的相互支持和合作，在安全方面相互帮助和监督，共同维护良好的安全环境。

（5）持续教育和培训

安全文化的建设需要持续的教育和培训。组织应为员工提供必要的安全培训和教育，确保他们了解和掌握相关的安全知识和技能。

培训和教育可以涵盖安全政策、程序和控制措施，个人防护装备的正确使用方法，紧急情况的处理等。培训应根据员工的具体岗位和职责进行定制，以确保培训的针对性和实效性。

通过以上措施，组织能够建立积极的安全文化。这将在组织中形成一种共同的价值观和行为准则，使员工能够更自觉地遵守安全规定和措施，加强对安全的重视和关注。此外，安全文化的建设还有助于提高员工的安全风险识别能力和自我保护能力，从而有效地预防事故和减少风险的发生概率。

5.1.2 培训与教育活动组织

培训与教育活动组织是安全管理体系中非常重要的一个环节，它涉及培养和提高员工的安全意识和技能，以保障组织的安全目标的实现。

（1）培训计划制定

根据组织的安全需求和目标，制定全面的培训计划。该计划应包括不同岗位和层级的员工的培训需求，以确保他们具备必要的安全知识和技能。

（2）培训内容设计

根据培训计划，设计相关的培训内容。培训内容应包含基础的安全知识、安全规程和程序、紧急情况处理等方面的内容。此外，还可以加入实际案例分析和模拟演练等方法，以提高培训的实效性。

（3）培训方法选择

根据培训内容和参训人员的特点，选择适合的培训方法。培训方法可以包括面对面授课、在线培训、培训手册发放等。在选择培训方法时，要考虑到参训人员的学习习惯和接受能力。

（4）培训师资培养

确保培训师具备足够的专业知识和培训技巧。可以通过选拔、培养和考核的方式，建立一支专业的培训师队伍。培训师应定期接受培训，以提升其专业水平和教学能力。

（5）培训资源准备

为培训活动准备必要的资源，如培训场地、设备和材料等。确保培训环境良好并具备相应的教学工具和设施，以提升培训效果。

（6）培训评估与反馈

对培训活动进行评估和反馈，以确定培训的有效性和改进点。可以通过问卷调查、培训成绩和参训人员的反馈等方式进行评估。根据评估结果，及时修订和改进培训计划和内容。

（7）持续培训与提高

培训是一个持续的过程，组织应建立起持续的培训机制和体系，定期开展培训活动，并鼓励员工参与相关培训课程。此外，还可以通过内部分享和经验交流等方式，促进员工的相互学习和提高。

通过有效的培训与教育活动组织，可以提高员工的安全意识和技能水平，增强他们对安全的重视和责任感，从而有效预防和控制各种安全风险与事故的发生。同时，也可以为组织的安全管理体系的建立和持续改进提供有力支持。

5.2　岗位职责和安全责任制度

岗位职责和安全责任制度是安全管理体系中的另一个重要组成部分，它涉及明确和分配不同岗位与人员在安全管理方面的职责和权责。

（1）岗位职责明确

对每个岗位的职责进行详细描述和明确。这包括岗位的主要职责、关键任务和工作内容等。通过明确岗位职责，可以让每个员工清楚知道自己在安全管理方面应承担的责任。

（2）安全责任分配

根据岗位职责和工作特点，将安全管理责任分配给相应的岗位和人员。每个岗位和人员应该明确自己在安全方面的责任，并承担起相应的职责。这可以包括负责制定和执行安全规程与流程、监督和检查安全工作、报告和处理安全事件等。

（3）安全责任交流

对于岗位职责和安全责任制度，需要进行定期的沟通和交流。这可以通过内部会议、安全培训、安全通报等方式进行。通过交流，可以确保每个岗位和人员都清楚了解自己的安全职责，并能够正确理解和履行这些责任。

（4）安全责任考核

建立安全责任的考核机制，对各岗位和人员在安全管理方面的履职情况进行评估。考核可以包括工作记录、安全报告、事故处理情况等。通过考核结果，及时反馈和改进，以加强安全责任的履行。

（5）安全责任落实

确保安全责任的全面落实。除了明确和分配责任之外，还需要提供必要的支持和资源，确保每个岗位和人员能够顺利履行安全职责。组织应为员工提供培训和教育机会，加强安全意识和技能的培养。

（6）**正向激励机制**

建立正向激励机制，激励各岗位和人员积极履行安全责任。可以采用奖励制度、表彰优秀个人或团队等方式来激励员工。这样可以增强员工的安全责任感和归属感，促进他们在安全管理方面的主动性和积极性。

通过明确岗位职责和安全责任制度，可以使每个岗位和人员在安全管理方面有明确的任务与目标，并能够主动地履行自己的安全责任。这有助于建立一个高效的安全管理体系，提升组织的整体安全水平。

5.2.1　职责划分和说明

职责划分和说明是安全管理体系中的一个关键环节，它涉及明确和划分不同岗位在安全管理方面的具体职责与任务。

（1）**职责划分原则**

在进行职责划分之前，需要明确划分的原则。这包括根据岗位的特点和工作内容划分、根据安全风险和事故潜在性划分、根据法律法规和标准要求划分等。确保职责划分合理、科学和可执行。

（2）**岗位职责描述**

对每个岗位的职责进行详细的描述和说明。职责描述应包括岗位的主要职责、关键任务和工作内容等。通过清晰明确的职责描述，可以让岗位人员清楚了解自己在安全管理方面应承担的责任，并能够准确地履行职责。

（3）**安全工作重点**

在岗位职责描述中，明确安全工作的重点和关注点。这包括与岗位相关的安全目标、安全规程和程序、安全风险评估和控制等。通过明确安全工作的重点，可以确保岗位人员重视和关注安全工作，并有针对性地开展相关工作。

（4）**职责的衔接与沟通**

在职责划分过程中，需要注意不同岗位之间的职责衔接和沟通。确保各个岗位之间的职责和任务互相协调和衔接，避免出现职责交叉或漏洞。同时，要加强跨部门的沟通和协作，促进安全工作的整体推进。

（5）**职责说明与培训**

对岗位职责进行详细的说明和解释，并对相关人员进行培训和沟通。职责说明可以包括岗位职责的背景、理念、要求和保障措施等方面的内容。通过培训和沟通，确保每个岗位人员对职责有清晰的认知，并具备履行职责所需的知识和技能。

（6）职责的动态调整和改进

职责划分不是一成不变的，随着组织的发展和变化，可能需要对职责进行调整和改进。组织应及时识别职责划分存在的问题，并根据实际情况进行调整。此外，还需要持续监督和评估职责的履行情况，及时进行改进和完善。

通过明确和详细的职责划分与说明，可以使每个岗位在安全管理方面有明确的任务和目标，并能够有针对性地履行自己的安全责任。这有助于提高组织整体的安全水平，减少安全风险和事故的发生。

5.2.2　安全责任和权力的落实

安全责任和权力的落实是安全管理体系中的一个重要环节，它涉及将安全责任和权力实际落实到各个岗位和人员之中。

（1）**安全责任的明确**

对每个岗位和人员的安全责任进行明确与详细的描述。安全责任应包括岗位人员在安全工作方面的主要职责、任务和义务。通过明确安全责任，可以让每个岗位人员清楚知道自己在安全管理方面的责任，并能够主动履行这些责任。

（2）**权力的授权**

将必要的权力和权限授权给具体的岗位和人员，以便他们能够有效履行安全责任。这包括授权岗位人员制定和执行安全规程和程序、采取必要的措施和行动、监督和检查安全工作等。同时，需要明确授权的范围和限制，确保权力的合理行使。

（3）**知识与技能的培养**

为岗位人员提供必要的培训和教育，以提高他们的安全知识和技能。培养岗位人员的安全意识和能力，使其能够更好地履行安全责任和行使相应的权力。培训可以包括安全规程和程序的培训、事故应急处理的培训等。

（4）**安全责任的推广与宣传**

通过内部宣传和推广活动，加强对安全责任的宣传和理解。向岗位人员普及安全责任的重要性以及履行安全责任的意义，增强他们对安全工作的重视和认同。可以通过会议、培训、宣传资料等形式进行。

（5）岗位人员间的协作与合作

建立跨部门和跨岗位的协作机制，加强不同岗位之间的沟通和合作。通过共享信息、经验交流和协同工作，实现安全责任的共同承担和协同发展。加强团队合作和协作精神，提升安全管理体系的整体效能。

（6）安全责任的考核与奖惩

建立安全责任的评估和考核机制，对岗位人员的安全责任履行情况进行评估和反馈。根据考核结果，采取相应的奖励和激励措施，鼓励岗位人员履行安全责任。同时，对于安全责任未能履行的情况，要及时进行纠正和处理。

通过实际落实安全责任和权力，可以确保岗位人员具备必要的权力和能力，能够有效履行安全责任。这有助于组织建立起一个高效的安全管理体系，提升整体的安全水平，并有效预防和控制各种安全风险和事故的发生。

5.3　员工培训和技能提升

员工培训和技能提升是安全管理体系中的一个重要环节，它涉及对员工进行系统的培训和提升，以增强他们的安全意识和技能。通过有效的员工培训和技能提升，可以提高员工的安全意识和技能水平，增强他们对安全工作的重视和责任感。这有助于预防和控制各种安全风险和事故的发生，并为组织的安全管理体系的建立和持续改进提供有力支持。

5.3.1　新员工培训计划

新员工培训计划是安全管理体系中的一个重要组成部分，它旨在帮助新员工快速适应工作环境，了解组织的安全政策和流程，并掌握必要的安全知识和技能。

（1）培训内容设计

根据新员工的工作岗位和职责，设计相关的培训内容。培训内容应包括组织的安全政策、安全规程和程序、紧急情况处理等方面的介绍和讲解。还可以加入实际案例分析和模拟演练，以提高培训的实效性。

（2）安全意识培养

培训计划应重点强调安全意识的培养。通过分享过往的安全事故案例和后果，让新员工认识到安全意识的重要性。同时，介绍安全目标、安全价值观和安全责任要求，激发新员工对安全的重视和责任感。

（3）流程和规程学习

向新员工介绍组织的安全流程和规程，并进行详细的讲解。这包括工作流程中的安全检查点、操作规范、安全风险点等。通过示范和实际操作，帮助新员工熟悉并掌握相关的安全程序和操作要求。

（4）紧急情况处理培训

教育新员工如何应对紧急情况，包括火灾、地震、泄漏等突发事件的应急处理方法。进行实际场景的模拟演练，让新员工熟悉紧急情况下的应对行为和技巧，并学习如何正确使用紧急设备和安全设施。

（5）培训师资培养

确保培训师具备足够的专业知识和培训技巧。培训师应具备良好的沟通和教学能力，并能够有效传达安全知识和技能。组织可以通过选拔、培养和考核的方式，建立一支专业的新员工培训师团队。

（6）培训资源准备

为培训活动准备必要的资源，如培训场地、设备和材料等。确保培训环境良好并具备相应的教学工具和设施，以提升培训效果。此外，还可以利用现代技术手段，如在线学习平台和电子教材，进行远程培训和自主学习。

（7）培训评估与反馈

对新员工培训进行评估和反馈。通过培训后的测验、问卷调查和参训人员的反馈等方式，了解培训的效果和改进点。根据评估结果，及时修订和改进新员工培训计划和内容。

通过有效的新员工培训计划，可以帮助新员工快速适应工作环境，掌握必要的安全知识和技能，提高他们的安全意识和行为规范。这有助于确保新员工在工作中遵守相关安全规程和程序，减少安全风险和事故的发生，并为组织的整体安全管理体系奠定良好的基础。

5.3.2　培训需求评估和计划制定

培训需求评估和计划制定是安全管理体系中的一个关键环节，它涉及对员工的培训需求进行评估，并根据评估结果制定相应的培训计划。

（1）培训需求评估

通过对组织内不同层级和岗位的员工进行调研与观察，评估他们在安全方面的知识和技能水平，了解存在的培训需求。可以通过问卷调查、个别面谈、工作记录的分析等方式进行评估。评估结果可以帮助确定各个岗位和人员的培训重点和内容。

（2）培训目标设定

根据培训需求评估的结果，制定明确的培训目标。培训目标应与组织的安全策略和目标相一致，并具有可量化和可衡量性。与培训目标相关的要素包括知识技能的提升、行为规范的改变和安全文化的塑造等。

（3）培训计划制定

根据培训目标，制定全面的培训计划。培训计划应包括不同岗位和层级的员工的培训内容、培训时间和培训形式等。要根据不同岗位和人员的特点，确定针对性的培训内容和方法。培训计划要合理安排培训的先后顺序和持续时间，确保培训的连续性和有效性。

（4）培训资源准备

同 5.3.1 节。

（5）培训师资培养

同 5.3.1 节。

（6）培训评估与反馈

对培训活动进行评估和反馈。通过培训结束后的测验、问卷调查和参训人员的反馈等方式，了解培训的效果和改进点。根据评估结果，及时修订和改进培训计划和内容。

（7）持续改进和优化

培训需求评估和计划制定是一个动态的过程。组织应不断跟踪和监测培训的效果与实施情况，并根据评估结果进行持续改进和优化。定期回顾和更新培训计划，确保其与组织的发展和安全需求相适应。

通过有效的培训需求评估和计划制定，可以确保培训活动针对性强，贴近员工的实际需求和组织的安全目标。培训可以提高员工的安全意识和技能水平，为组织的安全管理体系提供有力支持。

5.4 应急管理和员工行为规范

应急管理和员工行为规范是安全管理体系的重要组成部分，它涉及应急响应和员工在紧急情况下的行为规范。通过有效的应急管理和员工行为规范，可以确保在紧急情况下员工能够迅速、准确地做出应对措施，最大程度地减少人员伤亡和财产损失。这有助于保障组织的安全和稳定运营，并形成良好的安全文化氛围。

5.4.1 应急响应计划和演练

应急响应计划和演练是安全管理体系中应急管理的重要组成部分。它涉及制定应急响应计划并定期组织应急演练，以提高员工在紧急情况下的应对能力。

（1）应急响应计划制定

制定全面的应急响应计划，对各类突发事件制定应急措施和操作步骤。在制定过程中，需要参考相关法律法规、标准和最佳实践。应急响应计划应明确各个部门和岗位的职责、资源调配方案、通信协调机制等，确保危机事件得到及时和有效的应对。

（2）应急演练计划制定

根据应急响应计划制定相应的应急演练计划。应急演练计划包括演练的目标、时间安排、参与人员和演练场景等。要根据不同类型的紧急情况进行演练设计，并设置不同的教学目标和评估指标。

（3）演练场景选择

根据实际情况和风险评估，选择合适的演练场景。可以设置火灾现场、泄漏事故、自然灾害等各种常见的紧急情况场景。确保演练场景贴近实际情况，全面考查员工在应急响应中的能力和反应。

（4）演练流程设计

设计详细的演练流程，包括启动演练、应急响应步骤、信息通报、资源调配等。演练流程应清晰明确，并予以详细解释和说明。要确保参与演练的员工都理解每个步骤的操作要求和时限。

（5）评估和改进

在演练结束后，对演练进行评估和回顾。评估包括员工在演练中的操作准确性、反应速度和协同配合情况等。同时，要针对评估结果进行总结，发现不足之处并制定改进措施，以不断提升应急响应能力和演练效果。

（6）演练记录和报告

在演练过程中，记录关键信息和观察结果。包括参与人员的表现、问题和挑战、资源使用情况、沟通效果等。这些记录和报告对于改进应急响应计划和提升员工应对能力都具有重要的参考价值。

（7）演练培训与宣传

为参与演练的员工提供相应的培训和指导。确保他们了解演练的目的、内容和流程，并掌握相应的安全知识和技能。此外，还可以通过内部宣传和推广活动，加强员工对于应急响应计划和演练重要性的认知和理解。

通过定期组织应急响应计划和演练，可以使员工熟悉应急响应程序、提高应对紧急情况的能力，有效减少事故发生时的混乱和错误行为。这有助于保障员工的人身安全和财产安全，保障组织的持续稳定运营。

5.4.2　员工行为规范制定和培训

员工行为规范制定和培训是安全管理体系中的一个重要环节，它涉及制定明确的员工行为规范，并通过培训和宣传来确保员工遵守这些规范。以下是一些详细的内容：

行为规范制定：制定明确的员工行为规范，明确员工在工作中应该遵守的安全行为准则和要求。行为规范应覆盖不同岗位和部门，包括但不限于使用机器设备、操作危险品、进出安全区域等方面的行为规范。确保规范具有可操作性、可衡量性和可追溯性。

参与者的参与：行为规范的制定过程中应广泛征求员工的意见和建议，并确保他们对规范有共识和参与感。通过员工的积极参与，可以增强他们对规范的认同，并提高规范的执行效果。

培训计划制定：根据行为规范制定相应的培训计划。培训计划应覆盖所有相关岗位和人员，并包括明确的培训目标和内容。培训内容可以包括行为规范的解读和讲解、案例分析和模拟演练等，以提高员工对行为规范的理解和遵守意识。

培训方式选择：根据培训计划确定适合的培训方式。培训方式可以包括面对面授课、在线培训、培训手册发放等。在选择培训方式时，要考虑到参训人员的学习习惯和接受能力，以确保培训的效果。

培训师资培养：确保培训师具备足够的专业知识和培训技巧。培训师应定期接受培训，提升其专业水平和教学能力。他们还应了解员工的实际需求，能够与员工进行有效的沟通和交流。

培训评估与反馈：对培训活动进行评估和反馈，以确定培训的有效性和改进点。可以通过问卷调查、培训成绩和参训人员的反馈等方式进行评估。根据评估结果，及时修订和改进培训计划和内容。

宣传和强化：除了培训，还应进行持续的宣传和强化行为规范。包括在工作场所张贴相关标志和海报，通过例会和通告的方式定期提醒员工，定期组织安全文化活动等。通过多种渠道和形式，不断强化员工对行为规范的理解和遵守。

通过制定明确的员工行为规范，并通过培训和宣传确保员工遵守这些规范，可以提高员工的安全意识和行为规范，减少安全事故的发生。此外，还可以塑造良好的安全文化，增强员工的责任感和自我约束力，有助于建立一个安全、健康、和谐的工作环境。

第 6 章
物理安全管理

物理安全管理是安全管理体系中的重要组成部分，用于保护组织内部的人员、财产和信息资源免受潜在威胁的侵害。本章主要涉及以下几个方面：建筑设计和布局的安全考虑、出入口和通道的安全控制、设备和资产的安全保护、安全监控和报警系统。通过以上措施的实施，组织可以有效管理物理安全，并减少潜在威胁对员工、财产和信息资源的影响。同时，为了持续提升物理安全管理水平，组织还需要建立反馈机制，及时收集和处理安全事件的信息，以及定期评估和改进物理安全管理体系的效果。

6.1　建筑设计和布局的安全考虑

建筑设计和布局是物理安全管理中至关重要的一部分，它涉及组织内部建筑物的结构、布局以及与安全相关的各个方面。在建筑设计和布局的过程中，需要多学科的协同合作，包括建筑师、安全专家、消防工程师等，以确保建筑物的设计满足相关的安全标准和要求。同时，还要定期进行建筑物的安全评估和审查，及时发现和解决潜在的安全隐患，提高建筑物的整体安全性。

6.1.1　安全设计原则和要求

安全设计原则和要求是在建筑物设计和布局过程中应遵循的指导性准则，旨在确保建筑物具备适当的物理安全性。

（1）**防护措施**

建筑物应采取必要的防护措施来减少犯罪、盗窃和未经授权的进入。防护措施可以包括安全门禁系统、摄像头监控、安全锁具等。

（2）**自然灾害防范**

建筑物的设计和结构应能够抵御自然灾害，如地震、风暴、洪水等。设计应充分考虑地质条件、气候特点和区域风险，选择合适的建材和结构以提高建筑物的抗灾能力。

（3）**火灾安全**

建筑物设计应符合消防法规和标准，包括合适的火灾报警系统、自动喷水灭火系统、疏散通道等。火灾安全还包括选择阻燃材料、定期进行火灾演练和培训等。

（4）**疏散通道和出口**

建筑物应提供足够数量、宽度和标识清晰的疏散通道和安全出口，确保在紧急情况下人员可以迅速、有序地疏散。

（5）**电气安全**

建筑物的电气系统应符合相关标准，并采取适当的措施防止火灾和电击风险。这包括合理布置电线和插座、设置过载保护装置、进行定期维护和检查等。

（6）**安全照明**

建筑物内外的照明系统应考虑到安全要求，包括疏散通道、停车场、入口处等需要保持良好照明以提供安全感和预防犯罪。

（7）**持久性和可维护性**

建筑物的设计应考虑到长期使用和维护的需求，包括易于清洁、维修和更换部件等。此外，需要注意材料的耐久性，以延长建筑物的使用寿命。

（8）**防止意外伤害**

建筑物设计要避免潜在的危险和意外伤害，如锐利的边角、易滑倒或绊倒的表面、不稳定的结构等。

（9）**可持续设计**

在安全设计中，应考虑节能和环保要求，优化建筑物的能源使用效率和资源利用，减少对环境的负面影响。

这些安全设计原则和要求是为了确保建筑物在正常运营和紧急情况下能够提供安全和保护。建筑设计师、安全专家和相关工程人员应密切合作，确保安全设计原则和要求得到有效的应用和实施。

6.1.2 安全设备选型和配置

安全设备选型和配置是在建筑物设计和布局过程中要考虑的重要方面，以确保建筑物具备适当的安全性，具体见表6-1。

表 6-1 安全设备的类型、选型要点及系统组成

类型	选型要点	系统组成
安全门禁系统	安全门禁系统用于控制进入建筑物或特定区域的人员。在选型时，要考虑到建筑物的需求、人员流量、安全级别等因素	门禁系统可以包括电子门禁卡、生物识别技术（如指纹识别、人脸识别）、双因素身份验证等，以确保只有授权人员可以进入
监控系统	监控系统用于实时监视和录像建筑物内外的活动。在选型时，要考虑到监控范围、分辨率、存储容量、网络连接等因素	监控系统通常包括摄像头、录像设备、监控软件等，并可以配备运动检测、智能分析等功能，提高安全监控的效果
报警系统	报警系统用于及时发现和报告安全事件，如入侵、火灾、气体泄漏等。选型时，要考虑到建筑物的规模、特点和安全需求	报警系统可以包括入侵报警器、烟雾探测器、紧急按钮等设备，并与监控系统、门禁系统等进行集成，实现联动报警和快速响应
紧急照明和标识系统	紧急照明和标识系统用于在紧急情况下提供足够的照明和指引，帮助人员安全疏散。选型时，要考虑到照明亮度、备用能源、持久性等因素	紧急照明和标识系统一般包括应急照明灯、逃生指示标识、安全标识等装置，并应根据建筑物的布局和功能进行合理布置
灭火和灭火设备	灭火和灭火设备用于应对火灾事件，并尽早扑灭火灾，保护人员和财产安全。选型时，要考虑到建筑物的类型、面积、火灾风险等因素	灭火和灭火设备可以包括灭火器、消防栓、自动喷水系统、气体灭火系统等，并需要定期检查和维护，确保其正常可用
安全防护设备	根据建筑物的特点和安全风险，可以选择合适的安全防护设备来提升安全性。安全防护设备的选型应考虑到其功能、耐久性、美观性等因素，并确保符合相关的安全标准和规定	安全防护设备一般包括防爆门窗、防护栏杆、防撞设施等

在进行安全设备选型和配置时，应综合考虑建筑物的特点、安全需求、预算限制等因素，并与专业安全顾问和供应商合作。此外，要确保安全设备的安装、操作和维护按照相关规范执行，以确保其正常运行和有效发挥作用。

6.2 出入口和通道的安全控制

出入口和通道的安全控制是物理安全管理中至关重要的一环，它涉及建筑物内

外人员进出的流程管理和安全措施。出入口和通道的安全控制是组织物理安全管理的重要环节，通过合理配置访问控制系统、门禁设施和安全通道，可以限制非授权人员的进入，提升建筑物的整体安全性。同时，合适的疏散标识和指示标识，以及特殊安全控制需求的满足，也能够帮助人员在紧急情况下迅速、安全地疏散。

6.2.1　出入口管理和访客登记

出入口管理和访客登记是建筑物内外人员进出的流程管理，旨在确保只有经过授权的人员可以进入特定区域，并记录进出人员的信息。

（1）出入口管理

出入口管理旨在控制和管理建筑物内外人员的进出，以确保只有经过授权的人员可以进入特定区域。出入口管理可以通过访问控制系统、门禁设施等实施。这些设施可以要求人员进行身份验证，如刷卡、输入密码、进行生物识别等。出入口管理还可以设置安全门禁措施，如闸机、旋转门等，限制只有授权人员在正确的时间和地点进入。出入口管理也可以与监控系统集成，对进出人员进行实时监测，确保安全性。

（2）访客登记

访客登记是指对进入建筑物的访客进行记录和管理的过程。它可以帮助组织了解谁来访问，以及他们的目的，从而提高安全性和管理效率。访客登记可以采用多种方式，如手写登记表格、电子登记系统等。登记内容通常包括访客的姓名、单位、来访目的、接待人员等信息。访客登记还可以要求访客出示有效身份证件，并为其发放临时访客通行证或标识，以便识别访客身份。

对于长时间停留的访客，还可以为其提供访客证件或进一步的访客管理措施。

通过合理的出入口管理和访客登记措施，组织可以确保只有经过授权的人员进入特定区域，减少潜在的安全风险和非法进入。同时，访客登记也有助于提高建筑物的安全管理水平，便于管理和监控访客活动，保护组织的利益。

6.2.2　通道设施和安全标识

在物理安全管理中，通道设施和安全标识是至关重要的一部分，它们有助于确保建筑物内外的安全和秩序。

（1）通道设施

通道设施是指用于管理和控制人员与车辆进出建筑物的通道和设备。它们包括入口、出口、门禁系统、道闸、车辆通道等。应明确标识入口和出口，并且只有经过授权的人员才能使用。这可以通过使用门禁卡、身份识别系统或者安全人员进行查验来实现。通道设施还应考虑紧急情况下的疏散需求，例如设置紧急出口并明确标识疏散路线和逃生通道。

（2）安全标识

安全标识是指用于指示和警示人们在建筑物中行动时需要注意的事项和安全规定的标识。它可以帮助人们意识到潜在的危险，并提醒人们采取相应的安全措施。安全标识应该包括适当的文字、符号和颜色，以便易于理解和识别。例如，标注禁止吸烟、禁止通行、紧急出口等信息。安全标识还应根据建筑物的布局和使用目的进行规划与布置，确保人们能够在关键区域看到标识，并正确理解其含义。对于不同类型的建筑物，需要遵循相应的安全标识指南和法规，以确保标识的有效性和一致性。

综上所述，通道设施和安全标识在物理安全管理中起着重要作用。它们不仅有助于管理和控制人员与车辆进出建筑物，还提供了必要的安全指导和警示，帮助人们意识到潜在的危险，并采取相应的安全措施。因此，在建筑物设计和布局中，应该充分考虑通道设施和安全标识的布置与配置，以确保建筑物内外的安全和秩序。

6.3 设备和资产的安全保护

在物理安全管理中，设备和资产的安全保护是确保建筑物及其内部贵重设备与资产免受损失、盗窃或破坏的重要方面。设备和资产的安全保护在物理安全管理中是至关重要的，有效的安全保护措施不仅可以降低潜在的经济损失，还有助于维护组织的正常运转和声誉。因此，在物理安全管理中，对设备和资产的安全保护应给予足够的重视和关注。

6.3.1 设备维护和检修

在物理安全管理中，设备维护和检修是确保设备的正常运行和延长设备寿命的重要措施。对设备的维护和检修主要可从维护计划的制定、定期巡检和保养、预防性维护、故障维修、设备记录和数据分析这几个方面来进行：

（1）维护计划的制定

制定维护计划是设备维护和检修的第一步。维护计划应基于设备的特点和使用需求，包括设备的类型、工作环境、运行时间以及厂家的推荐等因素。

维护计划应明确设备的维护周期、维护内容和责任人，并将其纳入到设备管理体系中进行有效的跟踪和执行。

（2）定期巡检和保养

定期巡检和保养是设备维护的重要环节之一。通过定期巡检，可以及时发现设备的异常状态、磨损或故障，并采取相应的维修和保养措施。

在巡检中，应检查设备的外观、运行状态、连接和固定件等，并记录巡检结果和维护情况。

（3）预防性维护

预防性维护是在设备正常运行状态下，根据设备的使用寿命、性能指标和厂家的建议，定期进行维护和保养工作。

预防性维护包括清洁设备、更换易损件、润滑部件、校准仪器等。这有助于提高设备的可靠性和稳定性，并避免由于设备故障引发的安全风险。

（4）故障维修

设备发生故障时，需要及时进行维修以恢复设备的正常运行。故障维修包括故障诊断、部件更换、修复或调整等。

故障维修应由经过培训和有资质认证的维修人员进行，并应遵循相关的安全操作规程和操作指南。

（5）设备记录和数据分析

对设备维护和检修的记录和数据分析是持续改进设备维护管理的重要手段。记录包括设备的维护历史、巡检报告、故障维修记录等。

通过对设备的维护记录和数据分析，可以了解设备的健康状况、故障频率、维修成本等，并优化维护计划和维护策略，提高设备的可靠性和使用效率。

综上所述，设备维护和检修是物理安全管理中至关重要的环节。通过制定维护计划、定期巡检和保养、预防性维护、故障维修，以及设备记录和数据分析，可以确保设备的正常运行，延长设备寿命，并减少由于设备故障引发的安全风险和停工损失。因此，组织应高度重视设备维护和检修工作，并建立健全的维护管理体系。

6.3.2　资产管理和防盗措施

在物理安全管理中，资产管理和防盗措施是保护组织贵重资产免受损失和盗窃的关键措施。

（1）资产管理

资产管理是指对组织内的贵重设备和资产进行有效的管理与跟踪。它包括对资产的识别、分类、登记和记录等工作。

对于每项资产，应该明确标记或编号，并建立相应的资产档案，包括资产名称、型号、购买日期、价值等信息。

另外，还可以利用资产管理系统来实现对资产的追踪和管理，以便更好地掌握资产的使用情况和位置。

（2）防盗措施

为了防止贵重设备和资产被盗窃，需要采取一系列的防盗措施。常见的防盗措施包括：

安装入侵报警系统，包括门禁系统、传感器、监控摄像头等，可以及时发现和记录异常活动。

设立安全区域，通过设置安全围栏、防护网、巡逻人员等手段，限制外部人员进入贵重设备和资产区域。

使用贵重物品保险柜、钢制收纳柜等安全储物设备，将贵重资产存放在安全可靠的地方。

加强门窗的物理防护，使用高强度锁具、安全网窗、防护栅栏等，以减少非法入侵的风险。

进行定期的监控巡视，通过安保人员或视频监控系统来监控贵重设备和资产的安全状态。

（3）员工安全意识培训

员工安全意识培训是确保资产安全的重要环节。员工应该接受有关资产安全和防盗措施的培训，并了解个人在保护贵重设备和资产方面的责任和义务。

培训内容可以包括如何正确使用安全设备，如何识别可疑行为，如何报告盗窃事件等。员工应被教育和激励，主动参与和配合各项安全措施的落实和执行。

（4）监控和审计

监控和审计是对资产管理和防盗措施的有效补充。通过定期对安全措施的监控和审计，可以发现潜在的安全漏洞、异常事件以及未经授权的活动。

这些监控和审计活动可以由专门的安全巡检人员、内部审计或第三方机构来执行，以确保资产管理和防盗措施的有效性与一致性。

综上所述，资产管理和防盗措施在物理安全管理中起着重要作用。通过建立有效的资产管理制度、采取针对性的防盗措施、进行员工安全意识培训，以及进行监控和审计等手段，可以有效地保护贵重设备和资产免受损失和盗窃的风险。因此，在组织中应高度重视资产管理和防盗工作，并建立完善的安全管理体系。

6.4 安全监控和报警系统

在物理安全管理中，安全监控和报警系统是确保建筑物及其周边环境安全的重要组成部分。安全监控和报警系统在物理安全管理中起着重要作用，通过建立安全监控系统和报警系统，可以实现对建筑物内外部活动和异常事件的实时监控与报警，并提供有效的安全数据和证据，以用于后续的分析和调查。因此，在物理安全管理中，应对安全监控和报警系统给予足够的重视和关注。

6.4.1 监控设备和技术选择

在物理安全管理中，选择适合的监控设备和技术是确保安全监控系统有效运行的关键一步。

（1）摄像头

摄像头是安全监控系统中最常用的设备之一。选择适合的摄像头取决于监控区域的要求和预期的监控范围。

需要考虑的因素包括分辨率、视野角度、低光性能、防水防尘等级，以及固定式还是可调式摄像头等。根据需要，可以选择高清摄像头、宽动态范围摄像头、红外夜视摄像头等。

（2）视频记录设备

视频记录设备用于存储和管理监控摄像头所捕捉到的视频数据。选择合适的视频记录设备取决于监控需求和预期的存储容量。

常见的视频记录设备包括数字视频录像机（DVR）和网络视频录像机（NVR）。DVR 适用于传统的模拟摄像头，而 NVR 适用于网络摄像头。

（3）网络连接和传输技术

对于基于网络的监控系统，选择合适的网络连接和传输技术非常重要。这涉及网络设备、网络带宽、网络协议等因素。

需要确保网络的稳定性和安全性，以便实现监控数据的可靠传输和存储。此外，网络连接还应考虑视频数据的实时性和延迟问题。

（4）监控中心和显示设备

监控中心是用于操作和控制监控系统的中央控制室或工作站。选择合适的监控中心设备取决于操作人员的需求和监控范围。

显示设备如显示器、视频墙等用于显示监控画面。需要根据监控区域的大小和分辨率要求选择适当的显示设备。

（5）远程访问和管理

对于需要远程访问和管理的监控系统，选择支持远程访问的技术和设备非常重要。这可以通过云端存储、虚拟专用网络（VPN）连接或移动应用实现。

远程访问和管理功能使得安全人员可以随时远程查看监控画面、控制设备并接收报警信息，提高对安全状况的实时监控和响应能力。

综上所述，选择适合的监控设备和技术对于安全监控系统的有效运行至关重要。在选择摄像头、视频记录设备、网络连接和传输技术、监控中心和显示设备时，需要充分考虑监控需求和预期的性能指标。此外，随着远程访问和管理的需求增加，还需要选择支持远程访问的技术和设备。因此，在物理安全管理中，应认真对待监控设备和技术选择，并确保其与整体安全策略和需求相匹配。

6.4.2 安全报警系统和紧急响应计划

安全报警系统和紧急响应计划是确保在紧急情况下能够迅速发现和处理安全问题的重要措施。安全报警系统和紧急响应计划主要包括以下内容：

（1）**安全报警系统**

安全报警系统用于及时发现和报告异常事件，如入侵、火灾、煤气泄漏等。安全报警系统由传感器、探测器和报警装置组成。

传感器和探测器可以根据特定的安全需求选择，如入侵探测器、烟雾探测器、温度传感器等，它们会在发现异常事件时触发报警装置。报警装置可以是声音警报器、闪光灯、呼叫警报器、短信报警器等。

（2）**紧急响应计划**

紧急响应计划是为了在安全问题发生时能够迅速、有效地采取行动而制定的计划。该计划应包括以下关键因素：

① 定义不同类型紧急情况的识别标准和程序。例如，定义火灾、恶意入侵、突发事件等紧急情况的标志和触发条件。

② 指定紧急响应团队的成员及其职责。这些成员可以包括安全负责人、紧急联系人、消防、警察等相关人员。

③ 提供详细的紧急响应流程和步骤。这包括报警接收、信息确认、紧急通知和警告、紧急处置和疏散等环节。

综上所述，安全报警系统和紧急响应计划是确保紧急情况下能够迅速发现和处理安全问题的重要手段。通过建立有效的安全报警系统、制定详细的紧急响应计划，可以提高对紧急事件的应对能力和安全响应效率。因此，在物理安全管理中，应对安全报警系统和紧急响应计划给予足够的重视和关注。

第 7 章
信息安全管理

7.1 信息资产的分类和价值评估

7.1.1 信息资产的识别和分类

在信息安全管理中，识别和分类组织的信息资产是确保有效保护这些资产的关键步骤。信息资产包括组织内部的各种数据、文档、系统、设备，以及其他形式的信息资源。信息资产的分类是将信息资产按照不同的属性和性质进行划分和分类，以便更好地管理和保护这些信息资产，提高信息安全水平，并为决策提供科学依据。通过对信息资产进行识别和分类，组织能够更好地了解其重要性，并制定相应的安全策略和控制措施。下面是一些详细的方法，用于信息资产的识别和分类。

（1）审查现有的信息资产清单或数据库

组织可以审查已经存在的信息资产清单或数据库，如 IT 资产管理系统、文档管理系统等。这些现有的记录可能已经包含了一些重要的信息资产，例如敏感数据、关键文档或业务系统。

（2）与各部门和利益相关者合作

组织应该与各个部门、关键利益相关者和信息所有者密切合作，以获取关于信息资产的全面信息。这包括与 IT 部门、人力资源部门、财务部门和业务部门等进行协作，收集关于不同类型信息资产的详细信息。

（3）收集和整理信息资产数据

通过与各个部门合作，组织可以收集和整理关于信息资产的数据。这可能包括数据的位置、格式、用途、所有者、敏感性等相关属性。可以使用信息调查问卷、面谈和记录审查等方法来获取这些数据。

（4）分类信息资产

基于收集到的数据，组织可以开始对信息资产进行分类。分类的目的是将相似的资产放在一起，并为每个类别分配适当的安全控制要求。分类可以基于不同的因素，例如信息的敏感性、机密性、完整性、可用性，以及对业务运营的重要程度。

（5）确定安全保护级别

根据信息资产的分类结果，组织可以为每一类别的资产确定相应的安全保护级别。对于高度敏感和关键的资产，可能需要更高级别的安全保护，例如加密、访问控制和监控措施；而对于普通的资产，则可能只需要较低级别的保护。

（6）文档化信息资产清单

随着信息资产识别和分类的完成，组织应该在信息资产清单中记录这些数据。清单应该包括每项信息资产的名称、描述、分类、所有者、敏感性、安全保护级别等信息。这将是组织进行后续安全管理工作的重要参考依据。

通过对信息资产进行识别和分类，组织可以更好地了解其拥有的信息资源的规模和重要性，并为每个类别的资产制定相应的安全策略和风险管理措施。这使得组织能够更有针对性地保护敏感信息，降低安全风险，并确保符合法规和合规要求。同时，信息资产的识别和分类也为后续的资产管理、访问控制和安全事件响应等方面提供了基础。

7.1.2　信息资产价值评估方法及步骤

信息资产价值评估方法是信息安全管理中的一个重要环节，其目的是对组织内的信息资产进行评估，确定其价值和重要性。通过评估信息资产的价值，组织可以更好地了解自身的信息资产情况，并采取相应的保护措施来确保信息的安全。

（1）信息资产价值评估方法

定性评估：定性评估是基于主观判断和专家意见来评估信息资产的重要性。通过与利益相关者的讨论和专家的参与，可以了解不同信息资产对业务运作的影响程度。这种评估方法通过主观量表或标准来衡量资产的重要性，并根据其对业务的价值进行分类和排序。

定量评估：定量评估是使用数学模型和统计数据来量化信息资产的价值，通常以货币单位表示。这种评估方法需要收集和分析各种数据，例如资产的潜在收益、损失的潜在成本和资产曝光的概率等。通过数学模型和统计分析，可以计算出信息资产的风险价值和重要性。

经验法则评估：某些情况下，组织也可以基于经验法则来评估信息资产的价值。经验法则是基于过去类似事件的经验和观察得出的结论。例如，根据组织历史上的损失经验，可以评估某个信息资产的潜在损失金额。

无论采用何种方法，信息资产的价值评估都能为组织提供定量或定性的数据，用于决策和资源分配。这有助于确保信息安全管理的合理性和有效性，并确保资源得到适当的分配。

（2）信息资产价值评估步骤

① 确定评估对象：首先需要明确评估的信息资产对象，包括数据、系统、设备、网络等。应根据实际情况选择适合的评估对象。

② 收集信息：收集与评估对象相关的信息，包括关键信息、数据流向、信息分类、敏感程度等。这些信息有助于评估者对资产进行综合评估。

③ 确定评估标准：根据组织的需求和标准，确定信息资产的评估标准。评估标准可以包括安全政策、法规要求、行业标准等。评估者需要根据这些标准来判断信息资产的价值和重要性。

④ 评估价值和重要性：根据收集到的信息和确定的评估标准，对每个评估对象进行价值和重要性评估。可以使用定量或定性的方法来评估，例如赋予每个评估对象一个分数或等级。

⑤ 识别威胁和风险：根据评估的结果，识别可能存在的威胁和风险。通过分析评估对象的价值和重要性，可以确定其面临的潜在威胁和相关风险。

⑥ 制定保护策略：基于评估的结果和识别的威胁和风险，制定相应的保护策略。这些策略可以包括加密、访问控制、备份恢复等措施，以确保信息资产的安全。

⑦ 定期评估和更新：信息资产的价值评估不是一次性的工作，而是需要定期进行评估和更新。随着组织业务的变化和外部环境的演变，信息资产的价值也会发生改变，因此需要定期评估和更新保护策略。

通过以上步骤，组织可以更好地了解自身的信息资产情况，并根据评估结果采取适当的措施来保护信息资产的安全。同时，定期的评估和更新也能够帮助组织及时应对新的威胁和风险，确保信息的持续安全。

7.2 信息安全政策和控制措施

信息安全政策和控制措施是组织内实施信息安全管理的重要环节。信息安全政策是指组织为保护信息资产、确保信息安全所制定的一系列规范和指导方针，而控制措施则是根据信息安全政策所制定的具体操作方法和技术手段。

信息安全政策和控制措施的制定与执行是一个动态的过程，需要不断地进行风险评估、改进和更新。组织应根据业务变化、外部环境的演变以及法律要求的变化，不断优化与完善信息安全政策和控制措施，以保护信息资产的安全。同时，严格执行信息安全政策和控制措施也是确保信息安全的关键要素之一。

7.2.1 安全策略和规则制定

安全策略和规则制定是信息安全管理中的一个重要环节，其目的是为了确保组织内信息资产的安全性，制定一系列明确的安全策略和规则，以指导组织成员在信息处理和使用过程中的行为与操作。在安全策略和规则制定过程中，需要考虑以下几个方面：

（1）**根据风险评估确定目标**

在制定安全策略和规则之前，组织应进行风险评估，确定可能存在的威胁和风险，并根据评估结果确定信息安全的目标。这些目标可以包括保护机密性、确保数据完整性、提高可用性等。

（2）**内部法规和外部法律要求**

在制定安全策略和规则时，需要考虑组织的内部法规和外部法律要求。例如，数据保护法、隐私保护法、行业标准等要求，这些都应该纳入考虑范围。

（3）**明确责任和权限**

安全策略和规则应明确规定各个角色在信息安全管理中的责任和权限。例如，制定安全策略的责任、数据访问控制的权限等。这有助于确保信息安全管理的有效实施。

（4）访问控制

安全策略和规则应包括访问控制方面的要求，明确谁有权访问哪些信息，在什么条件下可以访问，以及如何进行身份验证和授权。

（5）加密要求

如果组织处理敏感信息，安全策略和规则应明确加密的要求。例如，对于传输过程中的敏感数据，可能要求使用加密协议，确保数据在传输过程中的机密性。

（6）审计和监控

安全策略和规则应包括审计和监控方面的要求，明确信息系统的审计和监控措施。例如，记录日志、检查异常活动等，以便及时发现和应对安全事件。

（7）培训和意识

安全策略和规则还应该包括培训和意识方面的要求，以提高组织成员对信息安全的认知和理解。这有助于增强他们的安全意识和遵守安全规则的行为。

（8）定期更新和评估

安全策略和规则不是一成不变的，组织应定期更新和评估这些策略和规则，以确保其适应业务和外部环境的变化。

通过制定明确的安全策略和规则，组织能够为信息资产提供有效的保护，减少信息安全事件的发生概率，并及时应对安全威胁。同时，组织成员也能够清晰地了解到他们在信息处理和使用过程中的责任与行为准则，从而更好地遵守安全规则，保护组织的信息资产。

7.2.2　数据保护和访问控制

数据保护和访问控制是信息安全管理中的一个重要环节，它涉及对组织内的数据进行保护和控制访问的措施。数据保护和访问控制旨在确保只有经过授权的用户可以访问和处理数据，从而防止未经授权的访问和数据泄露。在数据保护和访问控制方面，需要考虑以下几个方面：

数据分类和标记：首先，需要对组织的数据进行分类和标记，根据数据的敏感性和重要性确定不同的安全级别。可以将数据划分为公开、内部、机密等级别，并为每个级别制定相应的保护策略。

（1）**访问权限管理**

为了控制对数据的访问，需要实施有效的访问权限管理机制。这包括用户身份验证、授权和权限分配。只有经过身份验证的用户才能获得适当的授权，并被分配相应的访问权限。

（2）**强化身份验证**

对于较敏感的数据，可以采用多因素身份验证来加强安全性。例如，使用密码和令牌、生物特征识别等身份验证方式。

（3）**审计和监控**

对数据的访问进行审计和监控是非常重要的。记录和监测用户对数据的访问行为，包括查看、修改和删除操作，以便及时发现异常活动和安全事件。

（4）**加密保护**

对敏感数据进行加密是一种重要的数据保护手段。通过加密，即使数据被非法获取，也无法理解其内容，从而保护数据的机密性。

（5）**数据备份和恢复**

定期进行数据备份，并确保备份数据存储在安全的位置。在数据丢失或受损时，可以进行数据恢复，避免严重影响业务运作。

（6）**敏感数据处理**

对于敏感数据，需要采取额外的保护措施。例如，限制敏感数据的传输和存储，确保只有授权的人员可以处理敏感数据。

（7）**员工培训和意识**

组织需要加强员工的安全意识和培训，使他们了解数据保护和访问控制的重要性。员工应该知道如何正确处理数据，并遵守相关的安全规定和政策。

通过数据保护和访问控制措施，组织可以有效地保护数据的机密性、完整性和可用性。合适的访问控制策略可以防止未经授权的访问，减少数据泄露和数据风险。同时，定期的审计和监控可以帮助组织及时发现和应对安全事件，保护数据资产的安全。

7.3 网络安全和数据保护

网络安全和数据保护是信息安全管理中的一个重要方面，涉及保护组织网络和数据免受未经授权访问、恶意软件、数据泄露等威胁的影响。网络安全和数据保护需要采取一系列措施来确保网络的安全性，数据的保密性、完整性和可用性。

通过采取有效的网络安全和数据保护措施，组织可以提高网络安全性，减少数据泄露和未经授权访问的风险。保护网络的安全性，以及数据的保密性、完整性和可用性，是确保组织信息资产安全的关键措施。同时，定期评估和更新网络安全和数据保护策略也有助于及时应对新的网络威胁。

7.3.1　网络安全防护措施

网络安全防护措施是为了保护组织网络免受未经授权访问、恶意攻击和数据泄露等威胁的影响。这些措施旨在建立强大的防御体系，确保网络的安全性和稳定性。在实施网络安全防护措施时，可以考虑以下几个方面：

（1）防火墙

使用防火墙来监控和控制网络流量，阻止未经授权的访问和恶意攻击。可以配置防火墙规则以限制特定 IP 地址、端口、协议或应用程序的访问，从而增强网络的安全性。

（2）入侵检测和防御系统（IDS/IPS）

部署入侵检测和防御系统来监测和识别可能的入侵行为，并采取相应的措施进行防御。IDS/IPS 可以通过分析网络流量和识别异常行为来提供实时保护。

（3）虚拟专用网络（VPN）

使用 VPN 实现加密通信，确保远程访问和数据传输的安全性。VPN 可以创建加密的隧道，使远程用户能够安全地访问组织网络，同时保护数据不受未经授权的访问。

（4）网络隔离

根据不同安全级别，将网络分为不同的区域进行隔离。例如，将公开区域与内部网络隔离，限制对敏感资源的访问，减少攻击面。

（5）强化身份验证

实施强化的身份验证机制，如使用多因素身份验证（如密码和令牌）来防止未经授权的访问。这可以提高用户身份验证的安全性，防止密码泄露和恶意访问。

（6）定期漏洞扫描和补丁管理

定期进行漏洞扫描，及时发现和修补系统与应用程序中的安全漏洞。管理和安装最新的安全补丁可以减少潜在风险。

（7）反病毒和反恶意软件

使用反病毒和反恶意软件来检测和清除潜在的病毒、恶意软件和其他恶意代码。定期更新病毒定义文件和进行系统扫描，以确保网络中的终端设备安全。

（8）日志记录和监测

建立有效的日志记录和监测机制，记录网络活动和事件，实时监测异常行为和安全事件。这有助于及时检测和响应潜在的威胁，进行安全事件的调查和应对。

通过综合采取上述网络安全防护措施，组织可以建立强大的网络防御体系，减少未经授权的访问和恶意攻击的风险，保护网络和数据的安全。同时，定期评估和更新网络安全防护措施也是确保网络安全的关键，以适应新的威胁和攻击技术的出现。

7.3.2 数据备份和恢复

数据备份和恢复是网络安全和数据保护的核心措施之一，旨在确保数据在发生意外情况或灾难性事件时能够及时恢复且不会永久丢失。数据备份和恢复是组织应急响应与业务连续性计划中至关重要的组成部分。在进行数据备份和恢复时，需要考虑以下几个方面：

（1）定期备份

制定定期备份策略，根据数据重要性和变化频率来选择备份频率。关键数据应该经常备份，而不重要或变化较少的数据可以进行定期备份。

（2）备份存储位置

选择合适的备份存储位置，确保备份数据的安全性和可靠性。备份数据可以存储在本地介质（如硬盘等）或使用云服务进行远程备份。

（3）多副本备份

为了提高数据的冗余性和可靠性，可以考虑创建多个备份副本，并将其存储在不同的地理位置或设备上。这样可以避免单点故障和灾难性事件导致的数据丢失。

（4）数据完整性验证

在进行备份操作后，应定期验证备份数据的完整性。通过比对备份数据和源数据的校验和、哈希值或其他技术手段，确保备份数据的完整性和一致性。

（5）灾难恢复计划

制定灾难恢复计划，明确在发生灾难性事件后的恢复流程和步骤。包括如何获取备份数据、恢复数据，以及重新建立业务运行的顺序和优先级。

（6）定期测试恢复过程

定期进行数据恢复测试，验证备份数据的可用性和恢复过程的有效性。这有助于识别潜在问题并及时修正，确保在发生灾难时能够顺利恢复数据。

（7）业务连续性计划

数据备份和恢复是组织业务连续性计划的重要组成部分。确保备份数据可以满足业务恢复的要求，减少业务中断时间并降低对业务的影响。

（8）加密备份数据

对备份数据进行加密可以增强数据的机密性，防止未经授权的访问和泄露。确保备份数据的安全存储和传输，以防止数据泄露和第三方入侵。

通过制定合适的数据备份和恢复策略，组织可以最大程度地保护数据资产，减少数据丢失的风险，并在发生灾难性事件时能够及时恢复业务运行。同时，定期测试和更新数据备份和恢复计划，确保其适应组织业务的变化和技术的进步。

7.4 安全漏洞管理和应急响应

安全漏洞管理和应急响应是网络安全管理中的关键环节，用于识别和处理系统与应用程序中的安全漏洞，并采取相应的措施来应对安全事件和紧急情况。通过综合采取有效的安全漏洞管理和应急响应措施，组织可以更好地应对安全漏洞和安全事件，减少因安全漏洞导致的风险和损失。同时，定期评估和更新安全漏洞管理和应急响应计划，以确保其适应新的威胁和技术变化。

7.4.1 漏洞扫描和修复

当涉及网络安全管理时，漏洞扫描和修复是一个非常重要的环节。通过定期进行漏洞扫描和及时修复已发现的漏洞，组织可以有效地减少潜在的安全威胁，并确保网络系统的稳定性和安全性。

漏洞扫描是指对系统、应用程序和网络设备进行主动扫描，以发现可能存在的安全漏洞。这些漏洞可能来自软件缺陷、配置错误、弱密码等各种因素。通过使用专门的漏洞扫描工具，管理员可以自动化地扫描整个网络环境，识别出潜在的漏洞。

漏洞修复是根据漏洞扫描结果采取相应的补救措施，以修复已经发现的漏洞。修复措施可能包括升级软件版本、应用安全补丁、修改配置设置、更改默认密码等。修复漏洞的目的是消除安全风险，并将系统恢复到一个安全的状态。具体内容见表 7-1。

表 7-1　漏洞扫描和修复的内容及要点

内容	要点
定期扫描	为了及时发现和解决漏洞，组织应该制定定期的扫描计划。可以是每周、每月或每季度进行一次扫描，具体频率根据组织的需求和资源来决定
使用自动化工具	使用专业的漏洞扫描工具可以提高效率和准确性。这些工具通常具有漏洞库和自动化功能，可以快速检测和识别各种常见的漏洞
优先级评估	在修复漏洞时，需要对漏洞的严重程度进行评估，并确定修复的优先级。一般来说，高风险的漏洞应该首先得到解决，以最大限度地减少潜在的安全威胁
跟踪修复进度	及时跟踪漏洞修复的进度是很重要的。可以使用漏洞管理系统或跟踪工具来记录和监控漏洞修复的过程，确保它们得到及时解决
漏洞回归测试	在修复漏洞后，进行回归测试是必要的。这可以验证修复是否成功，并检查修复过程是否引入了其他问题或漏洞
审计和报告	定期进行安全审计，并生成漏洞扫描和修复的报告，以便组织的管理层了解整体的安全状况，并采取相应的措施

漏洞扫描和修复是信息安全管理中不可或缺的一部分。通过定期扫描系统，及时修复已发现的漏洞，组织可以降低网络风险，保护信息资产的安全性。同时，建立良好的漏洞管理流程和跟踪机制，有助于组织对网络安全问题的监控和处理。

7.4.2　安全事件响应和处置

安全事件响应和处置是信息安全管理中至关重要的一环。在网络环境中，安全事件可能包括恶意攻击、数据泄露、系统瘫痪等，这些事件都可能对组织的信息资产造成严重损害。因此，及时有效地响应和处置安全事件是保护信息资产安全的关键。具体内容见表 7-2。

表 7-2　安全事件响应和处置的内容及要点

内容	要点
建立响应团队	组织应该建立一个专门的安全事件响应团队，负责处理和应对各种安全事件。该团队应该包括来自网络安全、IT 运维、法务和传媒等不同部门的专业人员，以确保全面的响应能力
制定响应计划	组织需要制定详细的安全事件响应计划，明确包括事件分类、责任分工、响应流程、通信渠道、联系人等方面的内容。计划应该经过定期演练和更新，以保证其有效性
检测和识别	建立有效的安全事件检测和识别机制，例如入侵检测系统（IDS）和入侵防御系统（IPS），以尽早发现和识别潜在的安全威胁。此外，组织还可以通过日志分析、行为分析和威胁情报等手段对安全事件进行检测和识别
快速响应	一旦发现安全事件，响应团队应迅速采取行动，并按照事先制定的流程进行处理。这可能包括隔离受影响的系统、阻止攻击、封锁攻击源、收集证据等
信息共享	在处理安全事件时，及时和相关方共享关键信息是非常重要的。这可以包括与合作伙伴、行业安全团体、执法部门等的沟通和协作，以共同应对安全威胁
安全恢复	在处理安全事件后，需要进行安全恢复工作，以确保受影响的系统和数据能够正常运行。这可能涉及修复漏洞、重新配置系统、修复数据损坏等
事件分析和总结	对已处理的安全事件进行分析和总结是非常有价值的。通过分析安全事件的原因和影响，组织可以改进其安全防御措施，并预防类似事件的再次发生

安全事件响应和处置是组织信息安全管理中不可或缺的环节。通过建立响应团队、制定响应计划、加强安全检测和识别、快速响应和合作共享信息等步骤，组织可以更好地保护其信息资产，并及时应对各种安全威胁。

第 8 章
生产安全管理

8.1 生产安全风险评估和控制

生产安全风险评估和控制是安全管理中的重要环节，它的目标是识别和评估与生产活动相关的潜在风险，并采取相应的措施来减少和控制这些风险，确保员工和设备的安全。

8.1.1 生产过程的风险辨识

在进行生产安全风险评估时，生产过程的风险辨识是一个重要的步骤。通过对生产过程进行系统的风险辨识，可以识别出潜在的风险点和危险因素，为后续的风险评估和控制措施提供依据。进行生产过程的风险辨识，可以采取以下步骤：

（1）收集相关信息

收集与生产过程相关的各种信息，包括生产设备、物料、工艺流程、操作规程、技术文档等。这些信息有助于全面理解生产过程，并识别可能的风险点。

（2）定义生产过程的范围

明确要辨识的生产过程的范围，确定其起点、终点和各个环节。这有助于将风险辨识的工作集中在关键环节上，从而更有效地发现潜在的风险。

（3）识别潜在风险来源

根据收集到的信息，对生产过程中可能存在的风险源进行识别。这些风险源可以包括设备故障、人为操作失误、物料泄漏、工艺变化、环境因素等。在这个阶段，可以借助流程图、操作手册等工具，逐个环节进行分析。

（4）分析风险因素

对每个潜在的风险源，进一步分析其可能的风险因素。这包括评估风险发生的可能性和可能造成的影响程度。例如，设备故障的可能性可以从设备的运行时间、维护状况、工作环境等方面进行评估；影响程度可以从设备损坏、工艺中断、人员伤亡等方面进行评估。

（5）确定风险等级

根据风险因素的评估结果，为每个辨识出的风险进行风险等级的确定。常见的方法是使用风险矩阵法或风险评分法，将可能性和影响程度进行综合评估，得出相应的风险等级，如高风险、中风险、低风险等。

（6）记录和整理结果

将风险辨识的结果记录下来，并整理成文档或报告形式。明确每个风险的名称、风险等级、可能的影响以及建议的控制措施。这些记录和整理结果将为后续的风险评估和控制提供依据。

通过生产过程的风险辨识，可以帮助企业全面了解生产过程中可能存在的潜在风险，并为制定相应的控制措施提供参考。这对于预防事故和损失的发生，保障员工和设备的安全至关重要。因此，风险辨识是建立全面的生产安全管理系统的重要一环。

8.1.2　控制措施的制定和实施

控制措施的制定和实施是生产安全风险评估中的重要环节，它旨在通过采取相应的措施来减少和控制潜在的风险。这些措施可以包括技术性措施、管理措施和个人防护措施等。在制定和实施控制措施时，可以参考以下步骤：

（1）风险控制策略的确定

根据风险评估的结果和风险等级，确定适合的风险控制策略。这可能包括事前预防、事中控制和事后应对等方面的考虑。例如，对于高风险的活动或环节，可能需要采取更严格的控制措施；而对于低风险的活动或环节，则可以灵活一些。

（2）技术性措施的制定

根据风险控制策略，制定相应的技术性措施，以降低风险。这可能包括改进设备的安全性能、使用防护设备、设置报警系统、采用自动化控制等。技术性措施应该符合相关的法律法规和标准要求，并经过验证和测试，确保其有效性。

（3）管理措施的制定

除了技术性措施外，还需要制定相关的管理措施来确保风险的控制。例如，制定操作规程、培训员工、建立巡检和维护计划、设立应急预案等。管理措施中包括清晰的职责分工、操作规范、安全控制流程等，以提高人员的安全意识和执行能力。

（4）个人防护措施的确定

针对特定的风险点或活动，需要制定相应的个人防护措施，以保护员工的安全。这可能包括穿戴个人防护装备（如头盔、手套、护目镜、防护服等）、提供呼吸器具、限制进入特定区域等。个人防护措施应该符合标准要求，并通过培训和演练来确保员工正确使用。

（5）实施措施的计划和执行

制定详细的实施计划，并根据计划逐步实施控制措施。这涉及资源的调配、工作流程的优化、设备的购置和维护等方面。实施措施的过程中需要注意监督和检查，确保措施按照要求执行，并及时纠正问题。

（6）效果评估和持续改进

定期评估已实施的控制措施的有效性，并根据评估结果进行持续改进。这可以通过定期风险评估、检查记录、事故报告、员工反馈等方式来进行。如果发现控制措施不够有效或存在新的风险点，应及时采取相应的调整和改进措施。

通过制定和实施控制措施，可以减少潜在风险的发生概率和影响程度，确保生产活动的安全性和可持续性。同时，还需要注意措施的合规性和可操作性，与员工的参与和反馈密切相关，以提高安全管理的整体效果。

8.2 作业安全规程和操作程序

作业安全规程和操作程序是确保生产活动中人员操作的安全性的重要措施。它旨在为员工提供清晰的指导和规范，确保他们在进行各种作业时能够遵循正确的安全步骤，并与相关的设备、物料和环境相互协调。

通过制定和实施作业安全规程和操作程序，可以提高员工的安全意识，规范作业流程，减少事故的发生概率和严重程度。同时，还可以确保作业活动符合法律法规和标准要求，保障员工的身体健康和安全。

8.2.1　作业安全规程编制

作业安全规程编制是确保生产活动中人员操作安全的重要环节。编制作业安全规程需要综合考虑生产过程的特点、相关法律法规、标准要求以及风险评估的结果。以下是关于作业安全规程编制的几个关键环节及相应的具体要求：

（1）确定编制范围

确定需要编制作业安全规程的范围，可以根据生产过程的不同环节或岗位来划分，确保规程具体明确、针对性强。

（2）收集相关信息

收集与目标范围相关的各种信息，包括设备使用手册、工艺流程图、相关法律法规和标准要求等。这些信息将帮助规程编制者全面了解作业的特点和相关的安全要求。

（3）风险评估和分析

对目标范围内的作业进行风险评估，识别潜在的危险因素和风险点。可以借助风险评估工具，如风险矩阵、风险评分等，评估风险的可能性和影响程度。

（4）制定安全步骤和要求

根据风险评估的结果，制定适当的安全步骤和要求。这些步骤和要求应该明确指导员工在作业过程中应该如何操作，以降低潜在风险的发生概率。可以参考相关的法规、标准或行业最佳实践来制定。

（5）技术性措施的制定

根据风险控制策略和法律要求，制定相应的技术性措施。例如，选择和配置适当的设备、工具与防护装备，确保其符合安全要求，并提供清晰的操作说明。

（6）管理措施的制定

除了技术性措施，还需要制定相应的管理措施来确保安全规程的执行。这包括制定操作程序、培训员工并建立安全管理体系等。管理措施应该涵盖作业计划、审批流程、人员配备、沟通机制等方面。

（7）文件编写和发布

根据以上步骤，将作业安全规程进行文件化编写，并确保其内容清晰、简明易懂。规程应该包括作业的范围、目的、安全步骤、要求和相关的法律法规引用等。发布规程时，应向相关人员提供必要的培训和解释。

（8）定期审查和更新

规程应定期进行审查和更新，以确保其与相关的法律法规和标准要求保持一致，并反映最新的生产环境和技术进展。审查可以根据需要进行，例如在法规更新、事故发生或设备改变等情况下。

通过规范和明确的作业安全规程编制，可以提供清晰的操作指导，减少员工操作失误和意外事故的发生。规程的有效实施需要与相关人员的培训和反馈机制相结合，确保规程的理解和执行。

8.2.2　操作程序和工艺控制

在安全管理中，操作程序和工艺控制被视为重要的方面，用于确保生产过程中的操作步骤和工艺参数符合安全要求，并减少事故和损失的发生概率。

（1）操作程序的制定

操作程序是针对特定操作活动或环节所制定的详细步骤和要求。它应该包括以下内容：

① 清晰的操作顺序：明确各种操作步骤的正确顺序和操作流程。

② 所需设备和工具：列出完成操作所需的设备和工具，并规定其正确使用方法。

③ 安全要求：明确操作过程中需要遵守的安全要求和注意事项，包括个人防护装备的穿戴、危险品的处理、通风和排气要求等。

④ 紧急情况处理：提供紧急情况下的应急处理步骤和联系方式。

（2）工艺控制的要求

工艺控制是为了确保生产过程中的工艺参数符合安全要求和产品质量要求而采取的措施。它应该包括以下内容：

① 工艺参数的控制范围：明确各项工艺参数（如温度、压力、速度等）的控制范围，并规定其变化趋势和允许偏差。

② 工艺参数的监测和记录：要求对关键的工艺参数进行监测和记录，以确保其

在设定范围内稳定运行。

③ 质量控制要求：规定产品质量的关键要求和控制点，确保产品符合设计规范和标准。

通过制定明确的操作程序和工艺控制要求，可以提高员工操作的标准化程度，降低人为错误和事故的风险，并确保产品质量和生产安全。同时，定期审查和更新工艺控制要求是持续改进和符合法规要求的重要手段。

8.3 安全生产培训和技能提升

安全生产培训和技能提升是保障企业员工在工作环境中安全操作、预防事故发生的重要环节。通过培训和提升员工的安全意识和技能水平，可以有效减少事故的发生，提高生产效率，保护员工的身体健康和生命安全。

8.3.1 安全培训计划和实施

安全培训计划和实施是确保员工接受到必要的安全培训并能够掌握相关知识和技能的重要环节。一个综合全面的安全培训计划可以有效地提高员工的安全意识，降低事故风险。以下是关于安全培训计划和实施的一些具体内容和步骤：

（1）风险评估

根据企业的生产特点和工作环境，进行全面的风险评估。通过分析潜在的安全风险和事故隐患，确定需要开展培训的重点领域和目标群体。

（2）培训需求分析

结合风险评估结果，对员工的安全培训需求进行分析。根据不同岗位的工作内容和风险程度，确定每个岗位所需的培训内容和频次。

（3）制定培训计划

在分析需求的基础上，制定全面的安全培训计划。计划应包括培训的时间安排、培训内容、培训方式等信息。同时，考虑到员工的实际情况和课程负担，合理安排培训的时间和周期。

（4）培训资源准备

根据培训计划，准备相应的培训资源。包括培训课件、教材、宣传资料、视频、模拟器等。确保培训资源的准确性和有效性，以便员工能够系统地学习和掌握相关知识与技能。

（5）培训师资储备

安排具有相关专业背景和丰富经验的培训师为员工进行培训。培训师应熟悉培训内容和方法，具备良好的教学能力和沟通技巧，能够向员工传递正确的安全知识和操作技能。

（6）培训实施

按照培训计划，组织实施培训活动。可以采用面对面培训、讲座、研讨会、实地观摩等方式进行。同时，也可以利用现代信息技术手段，如在线培训平台、视频教学、电子学习资料等，提供灵活的培训方式，方便员工随时随地进行学习。

（7）培训效果评估

在培训结束后，进行培训效果的评估。可以通过考试、练习或实操操作等方式，对员工进行评估，检验其对培训内容的理解和掌握程度。发现问题及时纠正，并对培训计划和实施进行改进。

（8）培训记录和档案管理

建立完善的培训记录和档案管理系统，记录员工的培训情况、成绩和证书等信息。这不仅有利于对员工培训情况的跟踪和评估，也是企业安全管理工作的重要依据。

通过以上的安全培训计划和实施步骤，能够确保员工接受到必要的安全培训，掌握相关的安全知识和技能。同时，也能够不断提高员工的安全意识和责任意识，推动安全文化的落实和发展。

8.3.2　技能提升和证书管理

技能提升和证书管理是安全生产培训的重要组成部分，通过提升员工的技能水平和颁发相关证书，能够确保员工在工作中更加熟练、专业地执行安全规程和操作。以下是关于技能提升和证书管理的一些具体内容和步骤：

（1）技能提升计划

根据企业的安全管理需求和岗位职责，制定技能提升计划。该计划应包括不同岗位的技能提升目标、培训内容和培训方式等信息。确保每位员工都有明确的技能提升方向。

（2）技能培训和实操操作

根据技能提升计划，组织相应的技能培训和实操操作。培训可以包括理论知识的传授、示范操作和实际操作等环节。通过培训和实操操作，员工能够全面掌握所需的安全操作技能。

（3）技能评估和考核

在技能培训和实操操作结束后，进行技能评估和考核。可以通过模拟演练、实际操作考核等方式，测试员工的技能掌握程度。评估和考核的结果可以作为技能提升的依据，发现问题并进行针对性的培训和改进。

（4）颁发证书

根据员工的培训和考核结果，颁发相应的证书。证书可以是企业内部认可的安全培训证书，也可以是相关行业或政府机构颁发的合格证书。颁发证书可以激励员工，同时也是对其技能水平的认可。

（5）证书管理

建立完善的证书管理制度，对员工的证书进行有效的管理和跟踪。包括证书的登记、保存、更新和续期等工作。确保证书的真实性和有效性，并及时更新和续期，以保证员工的技能始终处于合格状态。

（6）技能持续教育

技能提升是一个持续的过程，企业应设立定期的技能培训和持续教育机制。通过组织专题培训、技能竞赛、经验交流等活动，不断提高员工的技能水平，与行业的最新要求保持同步。

（7）奖励与激励机制

建立奖励与激励机制，对通过技能提升和证书认证的员工进行表彰和奖励，激发其积极性和主动性。可以设立技能等级制度、岗位晋升机制等，使员工在技能提升过程中有所获得和进步。

通过以上的技能提升和证书管理措施，能够不断提高员工的技能水平，确保其在工作中熟练运用安全操作规程和技术要求。有效的技能提升和证书管理不仅能够提升生产效率和质量，还能够降低事故风险，保障员工的安全和健康。

8.4 事故报告与分析

事故报告与分析是安全管理中非常重要的环节，通过采取有效的事故报告与分析措施，能够及时总结和学习事故的教训，找出事故发生的原因和根本问题，采取相应的改进措施，有效预防类似事故的再次发生，并不断提高企业的安全管理水平。

8.4.1 事故报告流程和要素

事故报告流程是指在发生事故后，企业采取的一系列步骤和程序，以确保事故得到及时、准确的报告和处理。一个规范和高效的事故报告流程对于事故的快速响应、透明化处理以及相关分析与改进至关重要。

（1）事故报告流程

事故观察和发现：员工和管理层应密切关注工作场所的安全状况，及时发现潜在危险因素和安全隐患。当发生事故或异常情况时，应迅速将信息汇报给相关负责人或安全管理部门。

事故报告登记：相关负责人或安全管理部门应建立事故报告登记系统，确保每起事故都能得到记录和追踪。事故报告登记表格应包含必要的信息，如事故日期、时间、地点、当事人信息等。

事故调查和收集证据：在事故报告登记后，相关人员应展开事故调查，并收集与事故相关的证据和资料。这可能包括事故现场照片、视频记录、当事人陈述、设备检测数据等。

事故分析和原因探究：基于收集到的证据和资料，进行深入的事故分析和原因探究。通过使用工具和方法，如鱼骨图、5W1H法、故障树等，找出导致事故发生的根本原因。

事故报告编写：基于事故调查和分析结果，撰写详尽的事故报告。报告应包括事故的基本信息、调查结果、原因分析、影响评估以及相应的改进措施建议。

事故报告审批和通知：事故报告应提交给相关的管理层或安全管理部门进行审批。一旦报告获得批准，相关人员应按照内部流程将报告通知到相关部门和人员，确保报告内容的传递与执行。

改进和预防措施执行：根据事故报告中的改进措施建议，制定相应的计划并督促执行。确保改进措施的贯彻落实，并持续跟踪效果，以预防类似事故再次发生。

（2）事故报告的要素

事故报告的要素包括事故的基本信息、人员相关信息、事故现场情况、事故过程描述、原因分析和改进措施建议。这些要素共同构成了事故报告的核心内容，确保了事故报告的准确性和全面性。

8.4.2　事故调查和分析方法

事故调查和分析方法旨在确定事故的根本原因和推导出改进措施，以预防类似的事故再次发生，常见的事故调查和分析方法有故障模式与影响分析（FMEA）、事件树分析（ETA）、逻辑树分析（LTA）、危险与可操作性分析（HAZOP）等，下面针对这几种方法进行详细的介绍。

（1）故障模式与影响分析（FMEA）

FMEA 是一种系统化的故障分析方法，用于分析和评估潜在故障的可能性、严重程度和探测能力。通过识别潜在的故障模式和其对系统的影响，帮助预防事故的发生和减少风险。

（2）事件树分析（ETA）

事件树分析是一种系统性的可靠性分析方法，用于分析特定事件的发生概率和可能的后果。它以故障事件为起点，通过树状图的方式展示可能的事件发展过程和结果，帮助识别和评估事故的潜在风险和影响。

（3）逻辑树分析（LTA）

逻辑树分析是一种常见的事故调查方法，用于分析事故发生的逻辑关系和因果链。通过构建逻辑树，将事故发生的各个环节和因素串联起来，帮助追溯事故的原因和因果关系。

（4）危险与可操作性分析（HAZOP）

危险与可操作性分析是一种专门用于评估、识别和应对危险的方法。通过系统地审查操作过程中的潜在危险点和异常情况，帮助预防事故和减少风险。

以上这些方法都是根据系统工程、风险管理和可靠性工程领域的理论和实践而发展起来的。根据具体的事故类型和需求，可以选择适合的方法进行调查和分析，以找出导致事故的原因、隐患和改进方向。同时，还可以结合多种方法进行综合分析，提高分析的准确性和全面性。

在进行事故调查和分析时，需要有专业人员的参与和指导，确保分析过程的科学性和准确性。另外，要进行充分的数据收集和证据保留，建立完善的记录和文档体系，以支持调查和分析的结果，并为后续的改进工作提供依据。

通过以上的事故调查和分析方法，能够深入剖析事故的原因和根本问题，为制定改进措施和预防措施提供重要的参考。这些方法的应用有助于提高安全意识和管理水平，降低事故的发生概率，保障员工的生命安全和健康。

第 9 章
环境安全管理

9.1 环境风险识别和评估

环境风险识别和评估是环境管理中非常重要的一环。它旨在帮助组织识别和评估与其活动相关的潜在环境风险,以采取相应的控制和管理措施,从而保护环境、预防事故,并确保组织的可持续发展。

9.1.1 环境风险的辨识和评价

环境风险的辨识和评价是环境影响评估和管理的重要环节。通过对潜在或实际存在的环境风险进行准确的辨识和评价,可以帮助组织了解潜在的环境问题,并采取相应的管理措施来降低环境风险的发生和影响。

环境风险的辨识是指确定潜在或实际存在的与环境有关的危险因素或事件,可能对环境质量、自然资源以及人类健康和生活造成不利影响的过程。而环境风险的评价则是对辨识出的环境风险进行综合评估,包括风险的概率、严重程度和可能导致的后果等方面的考虑,以确定环境风险的级别和优先度。

环境风险的辨识和评价过程一般包括以下几个步骤:

(1)收集数据和信息

收集与组织相关的数据和信息,包括环境监测数据、历史事故记录、法规要求、相关研究报告等。这些数据和信息可以提供对环境风险进行辨识和评价的基础。

（2）辨识环境风险源

根据收集到的数据和信息，确定可能存在环境风险的来源，包括各类污染源、危险化学品存储、废物处理设施等。在辨识过程中，需要综合考虑风险源的性质、数量、位置以及与周围环境的关系等因素。

（3）评估环境风险概率

通过分析风险源的特性和历史数据，评估环境风险发生的概率。这可以通过统计分析、模型模拟等方法来实现。

（4）评估环境风险严重程度

考虑环境风险发生后可能对环境和人类健康造成的影响，评估环境风险的严重程度。这包括评估风险事件的影响范围、持续时间、频率等因素。

（5）确定环境风险级别和优先度

结合环境风险的概率和严重程度，确定环境风险的级别和优先度。通常可以采用风险矩阵或评估指标体系来进行评估和划分。

（6）制定应对策略

根据环境风险的级别和优先度，制定相应的应对策略和管理措施。这包括制定环境保护计划、安全操作规程、应急预案等，以减少环境风险的发生和影响。

（7）监测和追踪

建立环境监测和追踪机制，定期监测环境风险源的情况，及时发现和处理潜在问题，确保环境风险的及时控制和管理。

通过环境风险的辨识和评价，组织可以更好地了解和管理环境风险，制定科学合理的管理策略，保护环境质量，同时降低组织和利益相关方的风险。

9.1.2　环境影响评估和管理

环境影响评估和管理是为了保护环境质量、预防环境污染、减少环境风险而采取的一系列措施和活动。它的目标是通过系统地评估和管理可能对环境产生的潜在或实际影响，从而实现可持续发展和生态平衡。

环境影响评估是指对规划、项目或政策等环境相关活动进行全面评估，以确定其可能对环境产生的影响，并提供决策依据和管理建议。环境影响评估的过程涉及多方面的环境因素，包括空气质量、水资源、土壤质量、生物多样性、噪声等，以及人类健康和社会经济方面的影响。

环境影响评估和管理的流程一般包括以下几个阶段：

（1）规划和范围确定

确定评估的目标和范围，明确评估的时机和参与各方，制定评估的工作计划和方法。

（2）基线调查和数据收集

进行基础数据的收集和调查，包括环境监测数据、相关文献资料、实地考察等，以了解当前环境状况和潜在的环境影响因素。

（3）环境影响评价

对可能产生的环境影响进行系统评估，包括环境风险评估、生态影响评估、社会经济影响评估等方面。评估结果通常包括环境质量、资源消耗、生态系统稳定性、社区健康等各方面的指标。

（4）影响分析和评估

对评估结果进行综合分析和评估，确定可能的环境影响程度和范围，并进行风险评估和风险管理。

（5）制定管理措施和计划

根据评估结果，制定相应的环境管理措施和对策，包括减少或避免环境影响的措施、环境监测和追踪措施、环境教育和宣传等。

（6）审查和决策

将评估报告提交给相关决策机构或管理部门进行审查和决策，以确保环境影响的合理管理和控制。

（7）实施和监测

根据决策结果，进行环境影响管理措施的实施，并建立相应的监测和追踪机制，定期评估和监测环境影响的实际情况，及时调整和改进管理措施。

通过环境影响评估和管理，可以帮助组织合理规划和决策，减少环境影响和风险，推动可持续发展和生态平衡。同时，它也为利益相关方提供了参与和监督的机会，增强了公众参与和透明度。

9.2 环境保护措施和管理要求

环境保护措施和管理是为了减少环境污染和保护生态环境而采取的一系列措施和管理要求。环境保护措施和管理要求是为了实现环境可持续发展和生态平衡而采取的具体行动。组织需要根据自身的情况和业务特点，制定适合的环境保护措施和管理要求，并不断改进和完善，以达到最佳的环境保护效果。同时，也需要积极与利益相关方合作，共同推动环境保护事业的发展。

9.2.1 废物管理和处理

废物管理和处理是环境保护的重要方面，它涉及对产生的废物进行合理分类、储存、运输和处理的一系列措施。废物管理和处理的目标是最大限度地减少废物对环境与人类健康的负面影响，并实现资源的循环利用。

废物管理和处理的步骤与要求如下：

（1）**废物分类**

根据废物的性质、来源和危害程度等因素，将废物进行分类，以便后续的储存、运输和处理。

（2）**储存和运输**

根据分类的结果，将废物进行安全储存和运输。储存设施应具备防漏、防火、防爆等功能，并采取必要的措施保护环境和人员安全。运输过程中要注意选择适当的运输方式并遵守相关法规和标准。

（3）**废物处理**

废物处理是指将废物进行适当的处理，以减少其对环境的污染和危害。常见的废物处理方法包括以下几种。

回收再利用：将可回收的废物进行回收再利用，包括纸张、塑料、玻璃、金属等。通过回收再利用，可以减少资源消耗和废物产生的数量。

原地处理：有些废物可以在原地进行处理，如堆肥处理有机废物、焚烧处理可燃废物等。这样可以减少废物运输和处理的成本，并产生一定的能源或肥料价值。

专业处理：对于危险废物或没有其他合适处理方式的废物，需要交由专业处理单位进行处理。这些单位具备相应的技术和设施，可以安全有效地处理各类废物。

（4）废物监管与跟踪

实施废物管理和处理过程中，需要建立废物监管和跟踪机制。这包括记录废物的产生、分类、储存、运输和处理等环节，确保废物得到正确的处理并符合法规要求。

（5）环境影响评估

对废物管理和处理项目进行环境影响评估，以评估废物处理对环境和人类健康的影响，并采取必要的措施进行风险管理和控制。

废物管理和处理是环境保护的重要组成部分，它需要组织积极采取措施，包括加强废物分类、促进回收再利用、提升废物处理技术和设施等。通过合理的废物管理和处理，可以减少环境污染、资源浪费，并实现可持续发展和生态平衡的目标。

9.2.2 能源和资源利用的优化

能源和资源利用的优化是环境保护的重要方面，它旨在最大限度地减少能源和资源的消耗，并通过提高效率和采用可再生能源等措施，实现可持续发展和减少对环境的不良影响。

能源和资源利用的优化需要考虑以下几个方面：

（1）能源效率

通过改善生产和使用过程中的能源效率，减少能源消耗。这包括采用高效设备和技术、优化工艺流程、改进能源管理等措施。通过提高能源利用效率，可以降低能源成本和排放，同时减少对有限能源资源的依赖。

（2）循环经济

推广循环经济模式，促进资源的循环利用和再生利用。这包括废物回收再利用、废物资源化利用等措施。通过循环经济，可以最大限度地减少资源消耗和废物排放，实现资源的永续利用。

（3）可再生能源

积极推广和利用可再生能源，如太阳能、风能、水能等。这样可以减少对非可再生能源的依赖，降低碳排放，实现能源的绿色转型。

（4）资源管理

加强资源管理，包括合理规划和使用水资源、土地资源等。通过科学合理地管理和保护资源，可以减少资源浪费和环境破坏。

（5）技术创新和研发

不断推动技术创新和研发，开发和应用高效节能的技术和设备。这包括能源管理系统、智能化控制设备等。通过技术创新，可以提高能源和资源利用效率，推动可持续发展。

（6）宣传和教育

加强能源和资源利用的宣传和教育，加深公众对能源和资源问题的认识。通过培养公众保护环境的意识和行为习惯，促进节能减排和可持续生活方式的形成。

能源和资源利用的优化是环境保护与可持续发展的关键措施之一。组织需要采取积极的措施，包括改善能源效率、推广循环经济、利用可再生能源、加强资源管理等，以实现更加环保和可持续的发展。同时，需要与利益相关方合作，共同推动能源和资源利用的优化工作。

9.3 废物处理和排放控制

废物处理和排放控制是环境保护的重要环节，它涉及对废物进行合理处理和控制其排放，以减少对环境和人类健康的负面影响。通过有效的废物处理和排放控制，可以降低环境污染程度，实现可持续发展和生态平衡。组织需要根据废物的性质和数量，选择合适的处理方法和设施，并严格遵守相关的废物排放标准和合规要求。

9.3.1 废物分类和收集

废物分类和收集是废物管理和处理的重要环节，它涉及对产生的废物进行分类和合理收集，以便后续的处理和处置。通过有效的废物分类和收集，可以最大限度地减少废物对环境和人类健康的负面影响，并为废物的再利用提供便利。

（1）废物分类

根据废物的性质、来源和危害程度等因素，对废物进行分类。常见的废物有以下几种。

可回收物：包括纸张、塑料、金属、玻璃等可回收材料。这些材料具有再生利用的潜力，通过回收再利用可以减少资源消耗和废物产生的数量。

有害废物：包括电池、荧光灯、废油漆、药品等有害化学品和产品。这些废物具有一定的危害性，需要进行特殊的处理和处置，以防止对环境和人类健康造成危害。

厨余垃圾：包括食物残渣、植物废弃物等有机废物。这些废物可以通过堆肥或生物降解等方式进行处理，以减少排放和产生臭味。

其他废物：包括建筑垃圾、大型家具、废旧电器等无法归类到以上分类的废物。这些废物需要根据其性质进行适当的处理和处置。

（2）废物收集

根据不同类型的废物，实施相应的废物收集措施。这包括定期或按需收集可回收物、有害废物等，建立合适的收集设施和收集系统。收集过程中需要注意废物的分类、分离和防止交叉污染等。

收集容器和标识：为了方便废物的分类和收集，应提供适当的收集容器和标识。例如，在公共场所或居民区设置垃圾箱、回收桶等收集容器，并标明废物分类的要求和方法。

废物收集网络和运输：建立废物收集网络和运输体系，确保废物能够及时、安全地被收集和转运至相应的废物处理设施。这需要合理规划收集路线和时间，确保有效的废物运输。

宣传和教育：通过宣传和教育活动，提高公众对废物分类和收集的意识与参与度。这可以通过开展社区宣传活动、制作宣传资料、组织废物分类培训等方式实现。

通过废物分类和收集，可以最大限度地减少废物对环境的污染和资源的浪费。组织需要积极推动废物分类和收集工作，建立合适的收集系统和设施，加强宣传教育，提高公众对废物分类和收集的认知与参与度，从而促进废物的有效管理和资源的循环利用。

9.3.2　排放控制和合规要求

排放控制和合规要求是环境保护措施和管理中的重要一环。它涉及对污染物的排放进行有效的监测、控制和合规化的要求。以下是一些与排放控制和合规要求相关的详细信息：

（1）排放标准

排放标准是对不同类型的污染物在特定环境条件下的排放浓度或排放量的限制。这些标准通常由政府或相关环保机构设立，旨在保护环境和公众健康。不同的行业和活动可能有不同的排放标准，例如工业废气排放、废水排放等。

（2）监测与记录

为了确保排放控制的有效性，组织需要进行排放监测和记录。这包括安装适当的监测设备，对污染物进行实时监测，并记录监测数据。监测结果应报告给相关监管机构，并保存一段时间以供审查和验证。

（3）技术措施

为了达到排放标准，组织可以采取各种技术措施来减少污染物的排放。这可能涉及改进生产过程、使用更环保的材料、安装污染物去除设备等。选择合适的技术措施应根据具体情况进行评估，并进行成本效益分析。

（4）排放许可证

一些国家和地区要求组织获得排放许可证才能进行污染物的排放。排放许可证是一种准许证明，规定了组织可以排放的污染物类型、数量和排放条件等。组织需要遵守排放许可证中规定的要求，并定期进行检查和更新。

（5）故障和事故管理

对于可能导致异常排放的故障和事故，组织需要制定相应的应急预案和管理程序。这包括及时报告和处理故障和事故，采取紧急措施遏制污染源，以减少对环境造成的危害。

（6）定期审计和检查

为确保排放控制和合规要求得到有效执行，组织需要进行定期的内部审计和外部检查。内部审计可以发现潜在问题，并进行纠正措施。外部检查由政府或第三方机构进行，以确保组织的排放符合法规要求。

（7）处罚和奖励机制

为了保证排放控制和合规要求的有效性，政府可能会实施处罚和奖励机制。对于违反排放标准和要求的组织，可以采取罚款、停产整顿等处罚措施；而对于表现良好的组织，可以给予税收减免、补贴或其他激励措施。

以上是关于排放控制和合规要求的一些详细信息。通过严格执行这些要求，组织可以有效地控制污染物的排放，保护环境，促进可持续发展。同时，组织还应密切关注法律法规的变化，并及时更新和调整排放管理措施，以适应不断提高的环境保护要求。

9.4　环境监测和评估

环境监测和评估是环境保护措施和管理中的重要组成部分。它旨在对环境质量、污染物排放和生态系统健康进行定期和系统的监测和评估。通过有效的环境监测和评估，组织可以及时了解环境状况和问题，并采取相应的措施进行改善和保护。它有助于保护生态系统的健康，降低污染物的排放，促进可持续发展和生态平衡。同时，环境监测和评估也为政府、企业和公众提供了决策和管理的科学依据。

9.4.1　环境监测计划和数据分析

环境监测计划和数据分析是环境监测和评估中至关重要的环节。它涉及确定监测目标、确定监测方法、确定监测频率和地点，以及对监测数据进行分析和解释等。

（1）监测目标和指标

应明确监测的目标和指标。监测目标可以是大气质量、水质状况、土壤污染、噪声水平、生物多样性等。而监测指标则是用来衡量和评估这些环境参数的具体量化指标，例如颗粒物浓度、化学物质浓度、生物群落结构等。

（2）监测方法和技术

应选择适当的监测方法和技术来获取数据。不同的监测目标和指标可能需要不同的方法和技术进行监测。例如，大气质量监测可以使用空气质量监测站，使用高精度的传感器进行实时监测；水质监测可以通过采样并进行实验室测试来获取结果。

（3）监测频率和地点

环境监测计划应确定监测的频率和地点。监测频率应根据监测目标和指标的特性来确定。常规监测可以每天、每周或每月进行，而对于特定事件或污染源，可能需要进行更频繁的监测。监测地点应选择代表性的监测点，以确保获取到具有代表性的数据。

（4）数据收集和处理

环境监测计划应确保数据的准确性、可靠性和一致性。数据的收集应按照预定的监测频率和地点进行。采用适当的设备和方法进行数据收集，并进行必要的质量控制措施。收集到的数据应进行整理和归档，并进行初步的数据处理和分析。

（5）数据分析和解释

环境监测计划需要对收集到的数据进行分析和解释。这包括使用统计和分析方法对数据进行整理和处理，例如计算平均值、趋势分析、空间分布分析等。分析结果应与相关的环境标准和指标进行比较，以评估环境状况和问题。

（6）报告和沟通

环境监测计划应向利益相关方提供监测结果的报告并进行沟通。监测结果可以通过报告、会议、网站等形式进行传播。报告应包括监测方法、监测结果、数据分析和解释，以及对环境问题的评估和建议。

环境监测计划和数据分析是保证环境监测工作有效性和准确性的关键环节。通过制定科学合理的监测计划，并采用适当的数据分析方法，组织可以更好地了解环境状况和问题，并为环境保护决策提供有力支持。同时，定期的数据分析和报告也能提高环境监测的透明度和公信力，促进公众和利益相关方的参与和反馈。

9.4.2　环境评估和报告要素

环境评估和报告是环境监测和评估的重要成果之一，用于评估环境质量、污染状况和生态系统健康，并向利益相关方传达监测结果和评估结论。以下是关于环境评估和报告的详细要素：

（1）监测结果

环境评估和报告应包括监测数据的详细结果。这些结果可以是定性的或定量的，根据监测目标和指标进行具体呈现。例如，可以列出不同污染物的浓度值、生物多样性的指数、土壤质量的等级等。

（2）数据分析和解释

环境评估和报告应对监测结果进行分析和解释。这包括对数据的趋势分析、空间分布分析、特征分析等。通过分析，可以发现环境问题的严重程度和空间分布情况，并对其原因和影响进行解释。

（3）环境问题评估

环境评估和报告应对发现的环境问题进行评估。这涉及对环境问题的严重性、范围、持续性和潜在影响等进行综合评估。评估结果应基于相关的环境标准和指标，并提供对环境问题的建议和措施。

（4）建议和措施

环境评估和报告应提供针对发现的环境问题的建议和措施。这些建议和措施可以包括改进生产工艺、减少排放、采取生态修复措施、加强监管和管理等。建议和措施应具体可行，并考虑到环境保护、可持续发展和经济效益之间的平衡。

（5）风险评估和管理

环境评估和报告还应包括对环境风险的评估和管理。这涉及对潜在的环境危害和风险进行辨识、分析和评价。基于风险评估结果，可以制定相应的风险管理方案，以减少或消除对环境造成的危害。

（6）公众参与和沟通

环境评估和报告应促进公众的参与和沟通。这包括向公众提供易于理解和透明的评估结果，鼓励公众提供意见和反馈，并加强与利益相关方的沟通。公众参与和沟通有助于增强环境评估的可信度和可接受性。

环境评估和报告的要素旨在提供全面、准确和可操作的环境信息，并为决策制定和环境管理提供科学依据。通过透明的评估结果和明确的建议与措施，可以促进环境保护和可持续发展的实现，并增强利益相关方的参与和支持。同时，周期性的环境评估和报告还有助于监测环境状况的变化和环境管理措施的有效性。

第 10 章
危机管理与应急响应

危机管理与应急响应是组织在面临突发事件、灾难和紧急情况时采取的一系列措施和行动。通过危机管理与应急响应的有效实施，组织可以更好地应对突发事件和灾难，减少对人员和财产的危害，维护业务的连续性，保护声誉和信誉。同时，危机管理与应急响应也是对组织应对未来可预见和不可预见挑战的重要能力。

10.1 危机管理的概念和目标

危机管理是组织应对突发事件、灾难和紧急情况的一套系统性的管理方法和策略。危机管理的概念和目标旨在以科学系统的方式帮助组织应对各种突发事件和紧急情况。通过采取有效的危机管理措施，组织可以最大限度地保护人员和财产的安全，并确保业务的连续性。危机管理不仅是为了应对当前的紧急情况，还是为了提高组织的整体抗灾能力和应变能力，以应对未来可能发生的潜在风险和危机。

10.1.1 危机类型和特征

危机是指突发事件或紧急情况，可能对组织的人员、财产和声誉造成威胁和损害。了解不同类型的危机及其特征对于有效的危机管理至关重要。

（1）危机类型

自然灾害：自然灾害是由自然力量导致的大规模突发事件，例如地震、飓风、洪水、火灾等。这些灾害通常具有突发性、广泛性和无法控制的特征，对生命、基础设施和环境造成严重破坏。

技术事故：技术事故是由于设备故障、操作失误或人为错误而引起的突发事件。例如，工业事故、交通事故等。这些事故可能导致人员伤亡、环境污染和财产损失。

公共健康危机：公共健康危机是指对大众健康造成威胁的突发事件。例如，传染病暴发、食品中毒事件、化学物质泄漏等。这些危机可能导致广泛的传播和严重的社会恐慌，需要及时、敏捷的应对措施。

金融风险：金融风险是指金融市场或金融机构发生的突发事件，可能对经济产生严重的冲击，如股市崩盘、银行破产、金融欺诈等。这些风险可能导致金融系统的不稳定和经济的衰退。

社会政治危机：社会政治危机是由于社会动荡、政治不稳定等因素引起的突发事件。例如，社会抗议、政府危机、恐怖袭击等。这些危机可能造成社会秩序的混乱、社会纷争和人员伤亡。

（2）危机的一般特征

突发性：危机往往是突然发生的，没有提前的预警和充分准备。它们可能在短时间内迅速升级，并对组织造成重大影响。

不确定性：危机时常存在不确定性，包括事态发展的动态性、危机影响的程度和持续时间的不确定性。这使得危机管理需要具备灵活性和适应性。

复杂性：危机通常涉及多个相关因素和各方利益，有时还涉及不同级别的政府和组织之间的协调。这增加了危机管理的复杂性和挑战。

高风险：危机带来的风险通常较高，可能对人员、财产和声誉造成重大损失。因此，迅速采取适当的措施非常重要。

了解危机的类型和特征可以帮助组织在危机发生时更好地理解其性质，并有针对性地制定应对策略和措施。有效的危机管理需要建立强大的应急响应能力，并在突发事件发生时快速、准确地采取行动，将损失最小化并迅速恢复正常运营。

10.1.2 危机管理的原则和策略

危机管理是组织在面临紧急事件、灾难或突发事件时采取的一系列计划和措施，旨在减少潜在的风险和损失，并确保组织能够有效地应对危机。

（1）预防和风险管理

危机管理的首要目标是预防危机的发生，通过风险管理来识别、评估和降低可能导致危机的风险因素。这包括定期进行风险评估和制定相应的应对策略，以减少突发事件的潜在影响。

（2）危机应对计划

建立完善的危机应对计划是危机管理的核心。该计划应明确规定组织在危机发生时的责任分工、沟通渠道、资源调配方式等，并制定详细的行动指南，以便快速响应和适应变化的情况。

（3）预警系统

建立高效的预警系统可以帮助组织及时获取与危机相关的信息，并迅速做出反应。这包括监测和分析媒体报道、社交媒体数据、市场趋势等，以及与利益相关者保持密切联系，确保获取准确和及时的信息。

（4）团队培训和演练

组织应定期进行危机管理培训和模拟演练，以确保员工熟悉危机应对计划，并能在紧急情况下有效地合作和执行任务。培训和演练可以帮助员工提高应对危机的能力和反应速度。

（5）公共关系和沟通

危机期间，公众和利益相关者对组织的行动和表现尤为关注。因此，有效的公共关系和沟通策略至关重要。组织应该及时、诚实地向公众和利益相关者提供准确、清晰的信息，并积极回应他们的关切和问题。

（6）后续评估和改进

危机管理不仅仅是应对紧急情况，还包括事后的评估和改进。组织应该从危机中吸取经验教训，分析问题出现的原因和处理过程中的不足，并采取措施改进危机管理能力和预防措施。

（7）多方合作和资源整合

在危机管理中，与外部机构和供应商的合作关系至关重要。通过与相关机构紧密合作，共享信息、经验和资源，可以增强组织应对危机的能力，并提高危机响应的效率。

以上这些原则和策略可以帮助组织建立一个全面有效的危机管理体系，提高组织在危机中的应对能力，降低损失，并保护组织的声誉和利益。

10.2 危机管理计划的编制和实施

危机管理计划是组织为了应对突发事件、灾难或紧急情况而制定的一套详细的行动方案和预案。危机管理计划的编制和实施是确保组织在危机期间能够有效应对和管理风险的关键步骤。

危机管理计划的编制和实施是一个动态的过程，需要根据组织内外部环境的变化进行调整和更新。合理有效的危机管理计划编制和实施，能够使得组织更好地应对危机并最大限度地减少潜在的风险和损失。

10.2.1 危机管理组织和责任

在危机管理计划的编制和实施过程中，确定危机管理组织和明确责任是至关重要的。

（1）危机管理团队

组织应指定一支专门的危机管理团队，负责制定、实施和监督危机管理计划。该团队应由经验丰富、具有危机管理知识和技能的成员组成，可以包括高级管理人员、部门负责人、通信专家、法律顾问等。

（2）责任分工

危机管理计划应清晰明确地规定每个成员在危机期间的具体职责和任务。这可以包括紧急响应、信息收集与分析、决策制定、资源调配、沟通和公共关系、法律合规等方面的责任分工。

（3）链接与协调

危机管理团队需要与其他部门和利益相关者建立良好的联系和协调机制。他们应与内部的关键部门（例如通信、人力资源、法务等部门）合作，并与外部合作伙伴（例如政府机构、救援机构、媒体）建立紧密联系，以分享信息、协同行动和支持危机管理工作。

（4）决策权和权限

危机管理团队应明确制定决策流程和权限规定。这包括定义哪些人有权做出紧急决策，并在危机期间授权相关成员采取必要行动，以便迅速、灵活地应对变化的情况。

（5）培训和意识提高

危机管理团队成员需要接受培训，提高危机管理能力和应对突发事件的技能。此外，组织还应定期组织意识提高活动，向全体员工普及危机管理知识和技巧，使他们能够在紧急情况下采取正确的行动。

（6）信息共享和内部沟通

在危机管理中，高效的信息共享和内部沟通至关重要。组织应建立有效的沟通渠道和机制，确保危机管理团队与其他部门能及时、准确地交流信息，并促进跨部门的协作和合作。

（7）危机管理文化

组织应树立一种积极的危机管理文化，鼓励员工对危机管理的重要性有清晰的认识，并充分支持和参与危机管理计划。这涉及建立一个积极的学习和持续改进的环境，以便组织能够更好地应对未来的危机。

通过明确危机管理组织和责任，组织能够确保在危机期间有清晰的指导和决策机制，并能够高效地应对危机。这有助于最大程度地减少风险和损失，并保护组织的声誉和利益。

10.2.2　危机管理计划和流程

危机管理计划和流程是危机管理的核心部分，它提供了组织在面对突发事件或危机时的具体指导和行动方案。

（1）紧急响应程序

危机管理计划应包括明确的紧急响应程序，确保组织能够快速、有序地应对危机。这包括明确的危机报告渠道、责任人员和联系方式，以及紧急情况下必要的行动步骤（如启动紧急会议、通知关键人员、调配资源等）。

（2）信息收集与评估

危机管理计划应规定信息收集和评估的流程。这包括建立信息收集和监测机制，确保获取准确、及时的信息。同时，需要制定评估的方法和标准，以便迅速识别和分析危机的性质、规模和潜在影响。

（3）决策制定和执行

危机管理计划应明确决策制定和执行的流程。这包括确定决策的参与者、决策的原则和依据，以及迅速采取行动的方式。决策制定和执行的流程应具有灵活性，以便根据危机的发展情况进行调整和适应。

（4）资源调配和行动计划

危机管理计划应明确资源调配和行动计划的方式。这包括确定所需的人员、物资、设备等资源，并制定相应的行动计划，以有效地利用和调配这些资源来应对危机。同时，需要明确责任人员和时间表，确保行动计划的及时实施。

（5）沟通和协调机制

危机管理计划应规定沟通和协调的机制，确保及时、准确地向内部和外部相关方提供信息，并协调各方资源和行动。这包括确定沟通渠道、危机期间的信息发布和传播方式，以及与利益相关者、媒体和政府机构之间的协调合作。

（6）评估和改进

危机管理计划应包括定期的评估和改进流程。通过评估计划的执行情况、危机响应的效果和改进的建议，组织可以不断改进危机管理计划和流程，提高应对危机的能力和效率。

（7）培训和演练计划

危机管理计划应包括培训和演练计划，以确保组织成员熟悉危机管理流程和程序，并能够在紧急情况下正确执行任务。培训和演练活动应定期进行，以检验计划的有效性和员工的应对能力，并根据需要进行修订和改进。

危机管理计划和流程是组织应对突发事件和危机的重要指南。通过制定清晰的流程和规定，组织可以迅速做出响应，采取行动，并最大限度地降低危机对组织造成的影响和损失。

10.3　事故应急响应和危机处理

事故应急响应和危机处理是危机管理计划的重要组成部分，涉及组织在面对突发事件和危机时的具体行动和应对措施。通过制定有效的事故应急响应和危机处理措施，组织能够最大限度地减少事故对人员的伤害和财产的损失，并快速恢复正常运营。这有助于保障员工的安全和福利，维护组织的声誉和信誉，并增强组织的危机管理能力。

10.3.1 应急响应组织和流程

应急响应组织和流程是危机管理计划中关键的部分，它确保组织能够在突发事件或危机发生时快速、有序地做出反应和处理。

（1）应急响应团队

组织应建立一支专门负责应急响应的团队。该团队应由经验丰富、具备应急管理知识和技能的成员组成，可以包括高级管理人员、安全专家、通信专家、医疗救援人员等。他们将负责制定和执行应急响应策略和计划。

（2）责任分工

应急响应计划应明确每个团队成员在应急期间的具体职责和任务。这包括指定紧急联系人、行动协调员、信息收集和分析人员、资源调配人员等。清晰的责任分工有助于确保团队成员在应急期间有效地履行职责。

（3）紧急响应程序

应急响应计划应规定明确的紧急响应程序，包括事故报告渠道、紧急联系人、紧急会议组织、信息收集和评估过程等。这些程序的目的是确保在突发事件发生时能够快速启动响应，采取必要的行动。

（4）通信和协调

应急响应计划应明确内外部的通信和协调机制。这包括建立有效的沟通渠道，确保及时、准确地向所有相关方提供重要信息。此外，需要与外部机构（如政府机构、救援机构）建立联系和合作，以共享信息、协调行动，并从他们的经验和资源中受益。

（5）疏散和救援

应急响应计划应包括人员疏散和救援的指导。这可能包括制定疏散路线和程序、安排紧急救援队伍、与当地救援机构合作等。其中包括培训员工如何正确行动，并提供必要的救援设备和资源。

（6）资源调配和协同合作

应急响应计划应明确资源调配和协同合作的方式。这涉及确定所需的物资、设备、人员等资源，并确保它们可以在需要时迅速调配和利用。同时，需要与利益相关者和外部合作伙伴建立联系和协作，以充分利用和整合资源。

（7）事故调查和分析

在事故发生后，应急响应团队应负责实施事故调查和分析。这涉及收集证据、分析数据、确定事故原因，并制定改进建议和措施，以避免类似事故的再次发生。

（8）演练和培训

应急响应团队成员应定期进行演练和培训，以保持在应急情况下的熟练和适应能力。这包括模拟危机情景，测试响应程序的有效性，并提供必要的培训，以确保团队成员具备应对突发事件的技能和知识。

通过建立健全的应急响应组织和流程，组织能够迅速、高效地应对突发事件或危机，并最大限度地减少潜在的风险和损失。这为员工和利益相关者提供了安全保障，并增强了组织的应急管理能力。

10.3.2　危机处理和决策

在危机管理过程中，危机处理和决策是至关重要的环节。它涉及在危机发生时如何迅速做出决策，并采取行动来控制和解决危机。

（1）快速反应

危机发生后，关键是能够快速反应并做出决策。这要求组织拥有高效的沟通和信息收集系统，以迅速获取危机的相关信息，并将其传达给决策者。同时，需要建立一个紧急决策团队，由关键人员组成，能够在短时间内召开会议并做出决策。

（2）建立应对策略

根据危机的性质和严重程度，制定相应的应对策略。这包括确定主要目标和任务，并制定相应的行动计划。策略应该基于全面的风险评估和情报分析，并考虑到可能的影响和利益相关者的需求。

（3）灵活性和适应性

在危机处理中，灵活性和适应性是非常重要的。由于危机的复杂性和不确定性，决策者应具备灵活性和适应性，能够根据实际情况及时调整决策和行动计划。这要求组织拥有反馈机制和监测系统，以便及时获取并评估危机发展的信息。

（4）协调合作

危机处理涉及多个部门和利益相关者的合作。在决策过程中，需要确保各方之间的协调和合作。这可以通过建立协调机制、明确责任和权限、定期会商等方式实现。协调合作的目标是形成一个统一的声音和行动，以提高应对危机的效果。

（5）沟通与信息共享

危机处理过程中的沟通和信息共享至关重要。决策者必须建立有效的沟通渠道，及时向内外部相关方传达信息和决策，并回应各方的关切和问题。同时，要确保信息的准确性和透明度，以建立信任和稳定的外部形象。

（6）评估与调整

危机处理过程不是一次性的，需要不断进行评估和调整。决策者应该及时评估危机应对的效果和结果，并根据评估结果对决策和行动计划进行调整。这要求组织拥有有效的反馈机制和学习机制，以便从危机处理中积累经验教训，并不断改进危机管理能力。

在危机处理和决策过程中，决策者需要冷静、果断并具备判断力。他们必须能够在高强度压力环境下做出正确的决策，并采取适当的措施来控制和解决危机。此外，团队合作和信息共享也是成功处理危机的关键要素。通过建立有效的决策和行动机制，组织能够在危机发生时迅速做出反应，并采取适当的措施来保护企业的声誉和利益。

10.4　危机后的复原与恢复

危机管理不仅仅关乎在危机发生时的应对，也包括了危机后的复原和恢复。危机事件过去后，组织需要采取措施来恢复正常运营，并从危机中汲取教训，以提高未来的应对能力。

10.4.1　危机后复原计划和执行

危机后的复原计划是危机管理的重要组成部分。它旨在帮助组织从危机中恢复，并重新建立正常的业务运营。

（1）评估损失和影响

在制定复原计划之前，首先需要进行全面的损失和影响评估。这包括评估实际造成的经济损失、人员伤亡、声誉受损，以及客户和供应链关系的影响等。评估结果将为复原计划的制定提供重要依据。

（2）确定复原目标和优先级

根据评估结果，确定复原的目标和优先级。复原目标应明确，并与组织的战略目标和利益相关者的需求相一致。确定优先级可以帮助组织在复原过程中有序地安排资源和行动。

（3）制定复原策略和步骤

基于目标和优先级，制定相应的复原策略和步骤。复原策略应考虑到危机的特点和影响，包括修复设施和设备、调整组织结构和人员、恢复供应链和客户关系等。步骤应具体明确，指导组织在复原过程中的实际行动。

（4）资源调配和协调管理

为了执行复原计划，组织需要进行资源的调配和协调管理。这包括重新分配人员、资金和物资，以确保复原步骤的顺利进行。同时，建立有效的协调机制和沟通渠道，确保各部门和团队之间的合作和协同。

（5）恢复业务运营

根据复原计划的步骤，组织需要采取措施来恢复业务运营。这可能包括修复受损的设施和设备、调整生产和供应链方案、重新组织和培训人员等。在恢复业务运营过程中，需要建立有效的监测和控制机制，以确保复原的顺利进行。

（6）审核和调整

在实施复原计划的过程中，组织应定期进行审核和评估。这包括评估复原计划的执行情况、效果和进展，并根据评估结果对计划进行调整和改进。通过持续的审核和调整，组织可以及时应对复原过程中的变化和挑战。

（7）沟通和回应

在复原过程中，沟通和回应是非常重要的。组织需要建立有效的沟通渠道，并及时向内外部相关方传达复原的进展。同时，需要回应利益相关者的关切和问题，以维护声誉和信任。

（8）监测和评估

在复原过程结束后，组织应进行全面的监测和评估。这包括评估复原计划的实际效果、复原目标的达成程度、复原过程中的经验教训等。通过监测和评估，组织可以总结复原经验并提出改进建议，以提高未来危机管理的能力。

通过制定和执行有效的危机后复原计划，组织可以从危机中迅速恢复，并重新建立健康稳定的业务运营。评估损失和影响、确定复原目标和优先级、制定复原策略和步骤、资源调配和协调管理、恢复业务运营、审核和调整、沟通和回应、监测和评估是危机后复原计划和执行过程中的关键要素。通过这些步骤，组织可以更好地应对危机后的挑战，恢复正常运营，并为未来的危机管理做好准备。

10.4.2　复原评估和改进措施

复原评估和改进措施是危机管理过程中的关键环节，它旨在评估和分析危机发生后采取的措施，并提出改进建议以增强组织的复原能力。以下是在复原评估和改进措施中应考虑的一些重要方面：

（1）评估危机响应效果

回顾和评估危机响应过程中所采取的措施。这包括评估紧急情况下的沟通、资源调配、指挥系统的有效性、协调不同部门之间的合作等方面。通过分析和评估响应措施的有效性，可以确定潜在的改进点和薄弱环节。

（2）评估复原过程

分析危机后恢复和复原过程的效果。这包括恢复计划的执行情况、业务恢复时间、复原活动的可行性和效率等。通过对复原过程进行评估，可以发现可能存在的问题和瓶颈，并提出改进建议。

（3）改进危机管理策略

根据危机回顾和评估的结果，更新和改进危机管理策略。这可能涉及调整应急响应组织结构、更新危机管理计划和流程，以及加强培训和演练等方面。改进危机管理策略是为了提高组织对未来潜在危机的应对能力。

（4）识别关键学习点

从危机事件中识别和总结关键的学习点与教训。这包括分析危机发生的原因、决策失误、沟通问题，以及其他潜在的风险和薄弱环节。通过对关键学习点的总结和分享，组织可以更好地预防类似危机的再次发生，并提高应对能力。

（5）建立改进计划和执行

基于评估结果和改进建议，制定具体的改进计划，并确保其有效执行。改进计划应包括明确的目标、责任人和时间表，以便监督和跟踪改进的进展。

通过上述复原评估和改进措施，组织可以不断提升危机管理能力和复原能力。这些措施允许组织在危机后反思和学习，并采取适当的行动来预防类似危机的再次发生，并确保组织在未来面临危机时能够更加有效地应对和恢复。

第 11 章
安全绩效评估与改进

安全绩效评估与改进是危机管理中一个重要的环节，它旨在评估和改进组织的安全管理体系，以确保组织能够有效地预防和应对各类安全风险。

通过安全绩效评估与改进，组织可以不断提升安全管理水平和能力，预防和减少安全事故和风险的发生，确保员工和资产的安全。同时，也可以为组织的持续改进提供指导和支持，确保组织在不断变化的环境中能够适应和应对安全挑战。

11.1 安全绩效指标的设定和测量

安全绩效指标的设定和测量是安全管理体系中的重要环节，它旨在评估组织的安全状况、安全措施的有效性，以及安全目标的达成情况。

通过设定和测量安全绩效指标，组织可以对自身的安全状况进行客观评估，并发现存在的问题和改进的机会。这有助于组织加强对安全风险的认识和预防，优化安全措施和资源的配置，提高安全管理的效果和效率。同时，持续的安全绩效测量可以为组织的持续改进和发展提供重要的依据和方向。

11.1.1 定量和定性绩效指标

在安全绩效评估中，可以使用定量和定性绩效指标来获取全面的信息和洞察力。定量指标是通过数值和统计数据来衡量安全绩效，而定性指标则是基于主观评估和描述性信息来评估绩效。

（1）定量绩效指标

定量绩效指标是使用数字和统计数据来衡量和描述安全绩效的指标。这些指标提供了客观的量化信息，可以用于比较、分析和评估安全工作的结果。常见的定量绩效指标包括：

① 事故率：反映事故发生的频率，通常以每一定数量的工作时间或产量中发生的事故数量来计算。

② 事故严重程度：衡量事故对人身伤害、财产损失等方面的影响和后果，通常以损失的经济价值或工作时间的损失来表示。

③ 违规行为次数：反映违反安全规定和程序的次数，例如违规操作、违反安全标准等。

④ 安全培训覆盖率：衡量员工接受安全培训的比例或涵盖范围，用来评估员工对安全规程和操作要求的了解程度。

定量绩效指标可以通过收集和分析相关的数据来计算和跟踪，提供对安全绩效数量化的评估和比较。

（2）定性绩效指标

定性绩效指标是使用主观评估和描述性信息来衡量和描述安全绩效的指标。这些指标提供了详细的描述和理解，能够捕捉到定量指标无法完全反映的因素。常见的定性绩效指标包括：

① 经验和意见调查：通过员工的经验和观察，获取对安全情况的主观评价和意见反馈。

② 安全文化评估：评估组织内部的安全文化氛围，包括组织的安全价值观、员工对于安全的态度和行为等。

③ 观察和记录：通过定期巡检、评估和现场观察，记录事故和违规行为之外的安全问题和隐患。

定性绩效指标通常需要通过问卷调查、实地考察和专家判断等方法进行收集和分析，提供对安全绩效质量和特征的评估与认识。

定量和定性绩效指标的结合使用，可以提供全面的安全绩效评估。定量指标提供了量化的数据和指标，能够进行数值比较和分析；而定性指标则提供了更全面的描述和理解，能够捕捉到定量指标无法完全反映的方面。通过综合分析和解读定量和定性指标的结果，组织可以更好地了解自身的安全状况和绩效水平，并制定相应的改进措施和决策。

11.1.2 绩效数据收集和分析方法

在安全绩效评估中，有效的数据收集和分析方法对于获取准确和有意义的信息至关重要。以下是绩效数据收集和分析方面的一些常见方法：

（1）**数据收集方法**

① 事故报告：建立完善的事故报告机制，确保在发生安全事故时能够及时记录和汇报。事故报告应包括事故的时间、地点、原因、损失情况等详细信息，并涵盖所有的人身伤害、财产损失和环境影响等方面。

② 违规行为记录：建立可以追溯和记录违规行为的系统，包括员工的违章操作、安全规定的忽视或违反等。记录应明确违规行为的时间、地点、行为的具体描述，以及采取的纠正措施等。

③ 巡检报告：定期进行现场巡检和安全评估，记录巡检的结果、存在的安全问题和隐患。巡检报告应包括巡检时间、巡检区域、发现的问题和建议的改进措施等详细内容。

④ 培训记录：记录员工接受的安全培训情况，包括培训的内容、时间、参与人数和培训效果等。培训记录可以帮助评估员工对安全规程和操作要求的了解程度。

（2）**数据分析方法**

① 趋势分析：通过比较不同时间段的数据，分析事故率、违规行为次数等指标的变化趋势。这可以帮助发现长期趋势和异常情况，以便及时采取措施进行改进。

② 统计分析：应用统计方法对收集到的数据进行分析，包括平均值、标准差、相关性分析等。统计分析能够揭示数据之间的关联性，识别潜在的危险因素和风险源，从而支持决策和优化措施的制定。

③ 根本原因分析：针对事故和违规行为，采用根本原因分析方法（如鱼骨图、5W1H 法等）来深入挖掘问题背后的根本原因。通过确定根本原因，可以有针对性地制定改进措施，避免类似问题再次发生。

④ 绩效指标比较：将不同部门、项目或工作站点之间的绩效指标进行比较，以了解和评估差异。这样的比较可以帮助发现表现优秀的团队和最佳实践，并推广到全组织中。

通过数据收集和分析，组织可以获得对安全绩效的全面理解和评估。数据收集提供了实际情况的记录和描述，而数据分析则揭示了数据背后的趋势、模式和关联性。这些方法为组织提供了定量和定性的信息，支持组织制定改进措施和决策，以提高安全绩效和管理能力。

11.2　绩效评估方法和工具

绩效评估是安全管理体系中的重要环节，它提供了对组织安全绩效的评估和监测。在进行绩效评估时，可以使用一些方法和工具来帮助收集、分析和解释数据，以获得对安全绩效的深入洞察。

11.2.1　内部绩效评估和审核

内部绩效评估和审核是组织自我评估和监督的重要手段，用于评估和改进安全管理体系的有效性和绩效。这一过程通常由组织内部的专业人员或团队执行，旨在识别潜在的问题、风险和改进机会。

（1）制定评估计划

在进行内部绩效评估和审核之前，制定评估计划是必要的。该计划应明确评估的目的、范围、方法和时间表，还应确定所需的资源和参与者，并确保评估过程符合相关标准和指南。

（2）数据收集和分析

根据评估计划，收集与安全绩效相关的数据和信息。这可能包括事故报告、违规行为记录、巡检报告、培训记录等。收集到的数据应进行分析，以获得对组织安全状况的全面理解。这可以涉及趋势分析、统计分析和根本原因分析等方法，以发现问题、趋势和潜在风险。

（3）审核安全管理程序和控制措施

内部绩效评估和审核还应包括对安全管理程序和控制措施的审核。这涉及检查安全政策、规程、流程和操作规范的执行情况，以及安全控制措施的有效性。审核过程应确保安全管理体系与相关标准（如 ISO 45001）和法规相符，并提出改进建议。

（4）进行现场观察和检查

内部绩效评估和审核可以包括对工作场所进行现场观察和检查，以验证实际操作与安全要求的一致性。这可能涉及工作环境、设备条件、操作程序、员工行为等方面的检查。通过现场观察和检查，可以识别存在的问题和风险，并提供改进建议。

（5）发布评估报告和改进计划

在完成内部绩效评估和审核后，编写评估报告，并提出改进建议和措施。该报告应概述评估的结果、发现的问题、识别的改进机会以及建议的改进措施。改进计划应明确指定责任人、时间表和预期的改进目标，以确保改进措施得到正确的执行和监督。

通过进行内部绩效评估和审核，组织可以了解自身的安全绩效和管理效果。这有助于发现存在的问题和风险，并采取适当的措施进行改进。同时，内部评估和审核也为组织提供了一个机会，促进知识分享和学习，不断提升安全管理水平和能力。

11.2.2　外部绩效评估和认证

外部绩效评估和认证是一种独立于组织内部的评估方法，用于评估和认可组织的安全绩效。它通过外部专业机构或第三方评估机构进行，可以为组织增加公信力，并提供独立的反馈和建议。下面将详细介绍外部绩效评估和认证的重要性和实施步骤。

（1）外部绩效评估和认证的重要性

① 提供独立的评估：外部机构能够提供独立、客观的评估，避免了内部评估可能存在的主观偏见和利益冲突。

② 增加公信力：获得外部认证可以提高组织的声誉和公信力，向内外部干系人展示组织对安全的重视和承诺。

③ 促进改进：外部评估机构通常具有丰富的经验和专业知识，能够提供有针对性的改进建议，帮助组织提升安全绩效。

④ 满足法规和标准要求：某些行业或国家的法规和标准要求组织进行外部评估和认证，以确保其达到特定的安全标准和要求。

（2）外部绩效评估和认证的实施步骤

① 筹备阶段：组织确定参与外部评估的意愿，并选择合适的外部评估机构。同时，组织需要准备必要的文件和信息以供评估机构使用。

② 评估准备：评估机构与组织进行初步沟通，并制定评估计划和时间表。评估机构可能需要组织提供相关的安全管理文件、程序和记录。

③ 实地评估：评估机构会进行现场访查和数据收集，了解组织的安全管理体系和实践情况。他们可能会采用面谈、观察和文件审查等方法进行评估。

④ 绩效评估：评估机构根据收集到的数据和信息对组织的安全绩效进行评估。他们可能会使用一些定量和定性的绩效指标来进行评估，并结合行业标准和最佳实践进行比较。

⑤ 反馈和报告：评估机构向组织提供评估结果的反馈和建议。他们可能会详细列出组织的优点和需要改进的领域，并提供具体的改进措施和优化建议。

⑥ 认证和认可：根据评估结果，评估机构可能会颁发认证证书或认可证书，确认组织的安全绩效符合特定标准和要求。组织可以将该证书展示给内外部干系人，以增加公信力和竞争力。

需要注意的是，外部绩效评估和认证是一个周期性的过程，组织通常需要定期进行评估和认证的更新，以保持持续改进和符合性。因此，组织应建立一个有效的绩效评估和认证管理计划，并与评估机构建立长期合作关系，以确保评估和认证的有效实施和持续改进。

11.3　安全管理体系的持续改进

安全管理体系的持续改进是为了确保组织的安全绩效不断提升和适应变化的环境需求。通过持续改进，组织能够发现问题、解决问题，并不断优化和完善安全管理体系。

需要强调的是，安全管理体系的持续改进需要全员参与和持续的领导支持。组织应建立一个积极的改进文化，鼓励员工提出改进建议，并及时采纳和落实这些建议。通过持续改进，组织能够不断增强安全管理能力和绩效，为员工和利益相关方提供更安全的工作环境与服务。

11.3.1　PDCA 循环和持续改进理念

PDCA 循环（Plan-Do-Check-Action）是一种被广泛应用于质量管理和安全管理领域的持续改进方法。它强调通过不断地计划、执行、检查和行动来持续改进安全管理体系。下面将详细介绍 PDCA 循环和持续改进理念的重要性和实施步骤。

（1）PDCA 循环和持续改进理念的重要性

① 迭代循环：PDCA 循环提倡持续迭代的改进过程，通过不断地计划、执行、检查和行动来推动安全管理体系的不断提升与优化。

② 数据驱动：PDCA 循环强调数据的收集和分析，通过对数据的深入研究，在不同的阶段中找到问题和改进机会，以实现有效的改进。

③ 反馈机制：PDCA 循环通过"检查"和"行动"两个环节，提供了对组织改进措施的反馈机制，确保改进的有效性和适应性。

④ 持续改进文化：PDCA 循环鼓励员工参与持续改进，树立在组织层面上持续改进的文化，使其成为组织的核心价值和行为准则。

（2）PDCA 循环和持续改进理念的实施步骤

① 计划（Plan）：制定改进计划，明确改进目标、范围和时间表。收集和分析相关数据，确定改进的重点和方向。

② 执行（Do）：根据计划执行改进措施，实施新的安全管理方法和流程，并收集执行过程中的数据和信息。

③ 检查（Check）：对执行结果进行评估，比较实际执行情况与预期目标的差距。通过数据分析，识别存在的问题和改进机会。

④ 行动（Action）：基于检查阶段的结果，制定调整方案并实施。这可能包括修改安全管理程序、加强培训、优化资源分配等。

⑤ 迭代循环：PDCA 循环是一个持续改进的迭代循环过程，反复进行计划、执行、检查和行动，以逐步改善安全管理体系。

在实施 PDCA 循环时，组织应建立有效的数据收集和分析机制，确保所采集的数据真实可靠。此外，组织应鼓励员工参与改进活动，提供一个开放、透明和安全的环境，使员工能够主动提出改进建议和参与改进实施过程。

通过持续改进和应用 PDCA 循环，组织能够不断提高安全管理能力和绩效，适应变化的要求和挑战，在竞争中保持优势。

11.3.2 改进措施的制定和实施

改进措施的制定和实施是安全管理体系持续改进的关键步骤。通过识别问题、制定计划、执行措施和监控效果，组织可以不断地改善其安全管理体系。下面将详细介绍改进措施制定和实施的重要性和实施步骤。

（1）改进措施制定和实施的重要性

① 解决问题：通过制定和实施改进措施，组织可以解决发现的问题和存在的缺陷，提升安全管理体系的效能和质量。

② 提高效率：改进措施可以优化工作流程、减少资源浪费、提高员工生产力，从而提高安全管理的效率。

③ 预防风险：改进措施可以帮助组织预防事故和事件的发生，减少损失和风险，并增强组织对潜在风险的控制能力。

④ 推动创新：改进措施鼓励组织创新和改变，促使组织适应变化的环境需求，保持竞争力和前进动力。

（2）改进措施制定和实施的一般步骤

① 问题识别：通过数据分析、员工反馈、巡检等方式，确定需要改进的问题和缺陷。识别阶段应基于事实和证据，确保准确性和有效性。

② 目标设定：根据问题识别，明确改进的目标和期望效果。目标应该具体、可衡量、可实现，并与组织的战略目标相一致。

③ 计划制定：制定改进计划，包括行动步骤、责任分配、时间表和资源需求。计划应考虑可行性、可持续性和可控性。

④ 实施措施：根据改进计划，执行改进措施。这可能涉及更新政策和程序、增强培训和教育、优化设备和工艺等方面。在实施过程中，应有明确的沟通和培训计划，确保员工理解和参与改进措施。

⑤ 监控效果：对改进措施的实施效果进行监测和评估。可以使用绩效指标、数据分析和评估工具来追踪改进效果，及时发现问题和调整方案。

⑥ 持续改进循环：改进措施的制定和实施是一个循环过程。根据监控结果，持续评估和调整改进计划和措施，以实现持续改进和优化。

在制定和实施改进措施时，组织需要确保改进措施与其安全管理目标和战略一致，并与员工需求和意见相结合。此外，组织应建立一个集体学习和改进的文化，鼓励员工提出改进建议，并及时落实和反馈这些建议。

通过持续改进措施的制定和实施，组织可以不断提高安全管理体系的有效性和效率，实现持续的安全绩效提升。

11.4 安全文化建设的跟踪和评估

安全文化建设的跟踪和评估是为了监测与衡量组织内部的安全文化状况，并采取相应的措施来提升和改善安全文化。通过持续跟踪和评估安全文化，组织可以不断了解并改善员工对安全的认知和行为，优化安全管理体系，提升组织的整体安全绩效。

11.4.1 安全文化评估工具和方法

安全文化评估工具和方法是用于测量和评估组织内部安全文化状况的工具和技术。通过使用适当的评估工具和方法，组织可以获得对安全文化的全面了解，并识别存在的问题和改进机会。下面将详细介绍几种常见的安全文化评估工具和方法。

（1）员工调查问卷

员工调查问卷是一种收集员工意见和反馈的常用工具。通过设计合适的问题和选项，组织可以了解员工对安全文化的态度、知识水平、行为和感知等方面的情况。员工调查问卷可以包括评估安全意识、参与度、沟通和反馈机制、领导支持等多个方面的内容。结果可以通过统计分析来获取整体的安全文化评估。

（2）观察和记录

观察和记录是一种直接观察和记录员工行为与工作环境的方法。通过观察员工的行为、工作场景以及安全设施的使用情况，可以评估员工对安全规定和程序的遵守情况，发现存在的问题和潜在隐患。观察和记录可以通过日常巡检、安全检查、事故调查等方式进行。

（3）访谈和小组讨论

访谈和小组讨论是一种深入了解员工对安全文化的认知和意见的方法。通过与员工进行一对一访谈或组织小组讨论，可以获取更加详细和具体的信息，包括员工对安全政策和规定的理解、存在的问题和改进建议等。这种方法可以提供质性的评估结果。

（4）安全文化指标和数据分析

安全文化指标和数据分析是一种通过收集和分析相关数据来评估安全文化的方法。可以根据组织的安全管理体系和目标设定适当的安全文化指标，例如事故发生率、违规事件数量、安全培训参与率等。通过对这些指标的分析，可以了解安全绩效的状况、趋势和改进机会，并得出相应的评估结论。

（5）安全文化评估模型和工具

一些组织和专业机构开发了安全文化评估模型和工具，用于系统、全面地评估安全文化。例如，美国国家航空航天局（NASA）的安全文化评估工具，包括多个维度的评估指标和问题，用于评估组织各个层面的安全文化情况。这些模型和工具提供了有针对性的评估框架和参考。

需要强调的是，选择适合的评估工具和方法应根据组织的特定需求和情况进行。可以根据实际情况结合使用多种工具和方法，以获取更全面、准确和综合的安全文化评估结果。无论使用哪种评估工具和方法，都应保证数据的准确性和可靠性，并基于评估结果制定相应的改进措施。

11.4.2 安全文化改进的措施和效果评估

安全文化改进是建立和发展安全文化的关键步骤之一。为了确保安全文化的有效性和持续改进，评估安全文化改进的措施和效果是非常重要的。下面将详细介绍安全文化改进的措施和效果评估。

（1）确定评估指标

评估安全文化改进的措施和效果需要明确的评估指标。这些指标应该与安全文化的关键方面相关，如员工参与度、沟通水平、安全意识、行为规范等。可以根据具体情况选择适合的指标，并确保指标能够客观、准确地反映出安全文化的改善情况。

（2）收集数据

收集各种相关数据是评估安全文化改进的必要步骤。数据来源可以包括员工调查、安全报告、事故记录、安全培训记录等。通过收集多样化的数据，可以更全面地了解安全文化改进的情况。同时，确保数据收集的过程和方法是可靠和可量化的。

（3）分析数据

对收集到的数据进行分析是评估安全文化改进的核心环节。通过对数据进行统计和比较，可以发现安全文化改进的趋势和问题所在。比较不同时间段或不同部门的数据，可以帮助发现存在差异的地方，并制定相应的改进措施。

（4）评估效果

根据数据分析的结果，对安全文化改进的效果进行评估。评估可以通过定量和定性的方法进行。定量评估可以利用指标的数值变化来判断改进的效果，如员工参与度提升的百分比、事故率的下降等。定性评估可以通过员工反馈、案例研究等方式来了解改进措施对安全文化的影响。

（5）制定改进计划

根据评估结果，制定改进计划是安全文化改进的重要一步。改进计划应该具体明确，包括改进的目标、措施和时间表。确保改进计划与评估结果相匹配，并能够持续推进安全文化的发展。

（6）持续改进

安全文化改进的效果评估是一个持续的过程。通过不断地评估和改进，可以确保安全文化的持续发展和持续改进。在持续改进的过程中，可以借鉴 PDCA 循环的理念，不断地制定和实施改进计划，并及时检查和纠正不足之处。

通过以上步骤，可以对安全文化改进的措施和效果进行全面评估，并制定相应的改进计划。这样可以确保安全文化的不断提升，为组织的安全管理体系提供坚实的支持。同时，定期进行安全文化改进的评估也有助于及时发现问题，采取适当的措施进行纠正，从而保障员工和组织的安全。

第 12 章
安全培训与教育

安全培训与教育是建立和发展安全文化的重要组成部分。它旨在提高员工对安全的认识、知识和技能，帮助他们理解安全风险和应对措施，并促进他们形成良好的安全行为习惯。此外，通过持续的安全培训与教育，还可以促进安全文化的建设和发展，提高组织的整体安全管理水平。

12.1　安全培训的重要性和目标

安全培训是组织建立和发展安全文化的重要手段之一。通过安全培训，组织可以建立起一个以安全为核心的文化。员工会更加关注安全问题，掌握必要的知识和技能，并形成良好的安全行为习惯。这将为组织提供一个安全可靠的工作环境，提高工作效率和生产质量，降低事故发生的风险和损失。因此，安全培训的重要性和目标是组织安全管理的关键所在。

12.1.1　培训对安全管理的作用

安全培训在安全管理中扮演着重要的角色，对于组织建立和发展有效的安全管理体系具有诸多作用。

（1）塑造安全文化

培训是塑造和强化安全文化的核心手段之一。通过安全培训，员工可以了解组织对安全的重视程度，并接受正确的安全价值观和行为规范。培训可以传递组织对安全的承诺，引导员工将安全作为首要任务，并将其融入日常工作中。通过不断的培训，员工逐渐形成对安全的共同认知和共同行动，从而构建起一个积极向上的安全文化。

（2）提高员工安全意识和责任感

培训可以提高员工对安全问题的认识和重视程度，增强他们的安全意识。员工通过培训了解到各种潜在的安全风险和危险因素，能够更加警觉地识别和应对潜在的安全隐患。同时，培训也可以激发员工的责任感，让他们意识到自己在维护安全方面的重要作用。员工逐渐形成主动预防和积极参与安全事务的习惯，为整个安全管理体系增添动力。

（3）提供必要的安全知识和技能

培训向员工提供必要的安全知识和技能，使他们能够正确应对各种潜在的安全风险和危险情况。培训可以涵盖紧急情况的应急响应措施、危险化学品的正确处理和储存、机械设备的操作规程等内容。通过培训，员工可以熟悉并掌握正确而有效的安全操作方法，提高工作中的安全性和效率。

（4）促进安全行为的形成

培训可以促进员工形成良好的安全行为习惯。通过培训，强调正确佩戴个人防护装备、遵守安全操作规程、及时报告安全隐患等行为要求，引导员工养成遵守安全规定和标准的习惯。这些良好的安全行为习惯可以降低事故发生的概率，提升整个组织的安全水平。

（5）提高安全管理水平

通过培训，组织可以提高安全管理水平。员工通过培训获得的安全知识和技能可以应用于实际工作中，提升工作场所的安全性和健康性。良好的安全管理水平不仅可以减少事故的发生和损失，还可以提高组织的声誉和竞争力。

总的来说，培训在安全管理中发挥着至关重要的作用。它能够塑造安全文化，提高员工安全意识和责任感，提供必要的安全知识和技能，促进安全行为的形成，从而提高整体的安全管理水平。通过持续的培训，组织可以建立起一个以安全为核心的文化，为员工提供安全可靠的工作环境，实现安全与发展的双赢局面。

12.1.2　安全培训的目标和期望结果

安全培训的目标是通过向员工提供必要的安全知识、技能和意识，以提高他们对安全问题的认识和重视程度，帮助他们正确应对潜在的安全风险，并促使他们形成积极的安全行为习惯。以下是关于安全培训的目标和期望结果的详细说明。

提高员工安全意识：安全培训的首要目标是提高员工对安全问题的认识和重视程度。通过培训，员工可以了解到各种安全风险、事故案例和危险信号，增强他们对安全的敏感性和警觉性。目标是使员工养成主动关注安全、及时发现和报告安全隐患的意识，减少因疏忽或忽视安全规定而引发的事故和伤害。

掌握必要的安全知识和技能：安全培训的另一个目标是向员工传授必要的安全知识和技能。通过培训，员工可以了解安全管理制度、安全操作规程、紧急情况的应急处理措施等方面的知识。此外，培训还可以提供特定领域安全技能的训练，如危险化学品的正确处理和储存、机械设备的操作规范等。目标是让员工具备足够的知识和技能，能够正确应对工作中可能出现的各种安全风险和危险情况。

培养良好的安全行为习惯：安全培训的另一个重要目标是培养良好的安全行为习惯。通过培训，强调正确佩戴个人防护装备、遵守安全操作规程、及时报告安全隐患等行为要求，引导员工养成遵守安全规定和标准的习惯。目标是让员工在工作中始终保持高度的安全警觉性，形成积极预防和积极参与安全事务的行为习惯。

提高安全管理水平：通过安全培训，组织的另一个期望结果是提高安全管理水平。员工通过培训获得的安全知识和技能可以应用于实际工作中，有效地提升工作场所的安全性和健康性。期望结果是减少事故的发生和损失，提高组织的安全管理水平，保障员工的身体健康和工作环境的安全可靠性。

符合法律法规和标准要求：通过安全培训，组织可以达到符合法律法规和相关标准要求的目标。根据不同行业和国家的法律法规，以及相关的安全标准和认证要求，组织需要向员工提供相应的安全培训。期望结果是确保组织在合规性和法律责任方面达到必要的要求，并为组织的可持续发展提供保障。

通过安全培训，期望能够达到以上目标和期望结果，建立起一个以安全为核心的文化。员工将更加关注安全问题，掌握必要的知识和技能，并形成良好的安全行为习惯。这将为组织提供一个安全可靠的工作环境，提高工作效率和生产质量，降低事故发生的风险和损失。因此，安全培训的目标和期望结果是建立和发展有效安全管理体系的重要所在。

12.2 安全培训计划的设计和实施

设计和实施一个有效的安全培训计划对于建立和发展安全文化至关重要。一个好的培训计划应该根据组织的需求和特点，明确培训目标、内容、方式和时间，并确保培训的有效性和可持续性。

制定一个合理、有效的安全培训计划，可以提高员工对安全的认识、知识和技能水平。培训将帮助员工正确应对潜在的安全风险，并形成良好的安全行为习惯。组织也将受益于培训的实施，提升整体的安全管理水平和绩效。

12.2.1 培训需求分析和制定计划

培训需求分析是设计和实施安全培训计划的关键步骤之一。通过对组织和员工的现状进行评估与分析，确定培训的具体需求和目标，从而有针对性地制定培训计划。

（1）评估组织和员工的安全文化和水平

评估组织和员工的安全文化和水平，可以通过观察和访谈等方法进行。了解员工对安全的认识、知识和行为习惯，探究组织对安全的重视程度和实际管理情况。通过评估，可以找出组织和员工在安全方面存在的薄弱环节，并确定培训的重点和目标。

（2）进行安全风险评估

进行安全风险评估是确定培训需求的重要依据。通过对工作场所进行风险识别和评估，可以确定潜在的安全风险和危险因素。根据风险评估结果，确定需要培训的重点领域和目标群体。例如，对高风险岗位和操作进行重点培训，或对新员工进行基础安全知识的培训等。

（3）考虑法律法规和标准要求

根据所在行业和相关的法律法规、标准要求，确定需要遵守的安全培训内容和目标。确保培训计划符合法律法规的要求，并满足相关标准和认证的需求。同时，要关注最新的法律法规和标准更新，做好及时调整和补充培训内容的准备。

（4）进行工作岗位分析

针对不同的工作岗位，进行工作岗位分析。了解每个岗位的特点、工作环境、安全要求和技能需求。通过工作岗位分析，确定不同岗位需要接受的培训内容和程度。调研岗位相关的安全操作规范和要求，确保培训计划能够有效地提供必要的安全知识和技能。

（5）确定培训目标和内容

基于安全文化评估、风险评估和工作岗位分析的结果，确定培训的具体目标和内容。目标应该明确、具体，并与组织的整体安全管理目标相一致。根据不同岗位和需要，制定培训内容的详细范围和重点。确保培训内容能够满足员工的学习需求和实际工作中的安全要求。

（6）制定培训计划和时间表

根据培训需求和目标，制定培训计划和时间表。确定培训的持续时间和频率，根据员工的工作安排和可接受程度合理安排培训时间。确保培训计划充分考虑到员工的学习效果和参与度，避免培训过于密集或时间冲突。

（7）确定培训方式和方法

根据培训内容和目标群体的特点，选择适合的培训方式和方法。可以采用多种形式，包括但不限于面对面培训、在线培训、实地考察和观摩等。选择灵活有效的培训方式和方法，提供良好的学习体验和效果。

通过以上步骤，可以进行全面的培训需求分析，并制定出具体的培训计划。这样可以确保培训的针对性和有效性，满足员工的学习需求，并达到预期的安全管理目标。培训计划的设计和实施是建立和发展安全文化的重要一环，为组织的安全管理体系提供坚实的支持。

12.2.2　培训方法和材料的选择

培训方法和材料的选择是制定一个有效的安全培训计划的关键步骤之一。正确选择培训方法和材料可以提高培训的效果，增强员工的参与度和学习成果。下面将详细介绍如何选择适合的培训方法和材料。

（1）确定培训目标

在选择培训方法和材料之前，首先需要明确培训的目标。通过明确定义培训目标，可以更好地选择适合的方法和材料来实现这些目标。

（2）**考虑员工需求**

了解员工的培训需求和学习风格是选择合适培训方法和材料的重要依据。通过当面调查、问卷调查或面对面访谈等方式，收集员工的反馈和意见，以了解他们的学习偏好和具体需求。

（3）**多元化培训方法**

为了满足不同员工的学习需求，应该选择多元化的培训方法。常见的培训方法包括面对面讲授、案例分析、角色扮演、小组活动、在线培训、模拟训练等。根据培训的内容和目标，可以灵活选择合适的培训方法。

（4）**材料选择**

培训材料是支持培训方法的重要组成部分。培训材料可以包括幻灯片、视频、手册、案例研究、练习题等。在选择培训材料时，应该考虑材料的清晰度、可读性、易理解性和与培训目标的匹配度。

（5）**互动性和参与度**

为了增强培训效果，培训方法和材料应该具有一定的互动性和参与度。员工参与培训的过程中，可以通过讨论、小组活动、案例分析等方式激发员工的思考和学习兴趣，提高学习效果。

（6）**适应性和个性化**

不同的员工具有不同的学习习惯和认知能力，因此培训方法和材料应该具有一定的适应性和个性化。可以根据员工的需求和特点，调整培训的难度、速度和方式，使其更符合员工的学习需求。

（7）**反馈和评估**

在选择培训方法和材料之后，需要进行培训效果的反馈和评估。通过收集员工的反馈和评估培训的效果，可以及时调整培训方法和材料，提高培训的效果和质量。

总之，在选择培训方法和材料时，需要结合培训目标、员工需求和学习特点，选择多元化的培训方法和适合的培训材料，以提高培训的效果和员工的学习成果。同时，培训方法和材料的选择应该具有一定的互动性、个性化和适应性，以满足员工的学习需求。

12.3 培训方法和工具的选择

培训方法和工具的选择是安全培训计划中非常重要的一环。在选择培训方法和工具时，需要明确培训目标，了解受众特点和需求，并选择多样化的培训方法和适合的培训工具。培训方法和工具应具有互动性、参与度、个性化和可定制性，以提升培训效果和员工的学习成果。正确选择适合的培训方法和工具可以提高培训的效果，增强员工的学习兴趣和积极性。

12.3.1 面对面培训和讲座

面对面培训和讲座是传统的培训方法之一，通过直接与受训人员进行互动和交流，有效地传递知识和技能。下面将详细介绍面对面培训和讲座的特点、优势与设计要点。

（1）特点

① 互动性：面对面培训和讲座可以提供良好的互动平台，受训人员可以与培训者进行实时的问答、讨论，促进知识的理解和掌握。

② 集中注意力：面对面培训和讲座能够让受训人员集中注意力，通过讲师的讲解和示范，帮助受训人员全面了解培训内容。

③ 及时反馈：面对面培训和讲座中，培训者可以及时获取受训人员的反馈和问题，并给予相应的解答和指导，帮助受训人员更好地理解和应用所学知识。

（2）优势

① 直接传递知识和技能：面对面培训和讲座可以直接向受训人员传递知识与技能，培训者可以通过言语、示范、实践等方式，使受训人员更好地理解和掌握培训内容。

② 提供现场解答和指导：面对面培训和讲座中，培训者可以及时解答受训人员的问题，并提供指导和建议，帮助他们在学习过程中解决困惑和难题。

③ 促进互动和交流：面对面培训和讲座为受训人员提供了与培训者和其他受训人员进行交流和互动的机会，他们可以分享经验、讨论问题，并从彼此的反馈中获得启发和帮助。

（3）设计要点

① 清晰的目标和内容：在设计面对面培训和讲座时，需要明确培训的目标和内容。通过明确的目标和内容，可以为培训者和受训人员提供一个明确的方向与框架，

确保培训的有效性和针对性。

② 吸引人的讲解和示范：培训者应该具备良好的讲解和示范能力，以吸引受训人员的注意力，并生动地传达培训内容。使用多媒体技术、案例分析、故事讲解等方式，可以增强培训的吸引力和可理解性。

③ 互动和参与：在面对面培训和讲座中，培训者应该鼓励受训人员积极参与和提问。通过问答、小组讨论、角色扮演等方式，增加培训的互动性和参与度，促进受训人员的学习和思考。

④ 反馈和评估：及时收集受训人员的反馈和评估培训的效果是非常重要的。培训者可以通过问卷调查、小组讨论、个别沟通等方式，了解受训人员的学习成果和培训需求，并根据反馈进行调整和改进。

总之，面对面培训和讲座作为一种传统的培训方法，具有互动性、集中注意力和提供即时反馈的特点和优势。在设计面对面培训和讲座时，需要明确培训的目标和内容，注重吸引人的讲解和示范，鼓励互动和参与，并及时收集受训人员的反馈和评估培训效果。

12.3.2　电子学习和在线培训

电子学习和在线培训是一种基于信息技术的培训方法，通过互联网和电子设备，将培训内容传递给受训人员。它具有灵活性、可扩展性和便捷性等优势。下面将详细介绍电子学习和在线培训的特点、优势与设计要点。

（1）特点

① 灵活性：电子学习和在线培训可以根据受训人员的时间和地点灵活安排。受训人员可以根据自己的需求和时间安排进行学习，无需受到固定的培训时间和地点的限制。

② 自主学习：受训人员可以按照自己的学习节奏和方式进行学习，可以随时停止、回放和重复学习的内容，提高学习效果和深度。

③ 互动性：电子学习和在线培训通常通过在线平台或软件实现互动。受训人员可以与培训者和其他受训人员进行交流、讨论和合作学习，促进知识共享和合作。

④ 多媒体支持：电子学习和在线培训可以结合多媒体技术，以图片、音频、视频等形式提供丰富的学习资源和教学内容，增强学习效果和吸引力。

（2）优势

① 可扩展性：电子学习和在线培训可以轻松应对大规模培训需求，无论受训人员数量有多少，都可以通过在线平台进行培训。

② 节省成本：相比于传统面对面培训，电子学习和在线培训可以节省培训成本，减少因场地租赁、交通和住宿等方面所带来的费用。

③ 实时反馈和评估：通过在线平台，培训者可以及时获得受训人员的学习进度、答题情况等反馈信息，便于及时调整培训内容和方法。

④ 持续学习支持：电子学习和在线培训可以提供持续学习的支持，包括在线资源库、讨论论坛、定期更新等，帮助受训人员不断深化和扩展所学知识。

（3）设计要点

① 清晰的目标和结构：在设计电子学习和在线培训时，需要明确培训的目标和结构。通过合理的模块划分、清晰的导航和学习路径，帮助受训人员更好地理解培训内容和进度。

② 丰富多样的学习资源：为了提供丰富的学习体验，可以结合多媒体技术，包括图像、音频、视频等形式提供学习资源。同时，也可以提供案例研究、练习题、模拟考试等，增加互动性和参与度。

③ 互动和支持机制：在线平台应该提供互动和支持机制，例如讨论区、问答平台、在线辅导等，帮助受训人员在学习过程中与其他学员和培训者进行交流和互动，并及时解答问题和提供指导。

④ 定期评估和改进：通过在线平台的学习进度和评估数据，可以进行定期的学习评估，并根据评估结果对培训内容和方法进行调整与改进，提升培训效果和质量。

总之，电子学习和在线培训借助信息技术，具有灵活性、可扩展性和便捷性等优势。在设计电子学习和在线培训时，需要明确培训目标和结构，提供丰富多样的学习资源，建立互动和支持机制，并定期进行评估和改进。通过合理设计和实施，电子学习和在线培训能够有效促进受训人员的学习和发展。

12.4　教育技术与在线学习资源

教育技术与在线学习是指利用现代信息技术和教育技术手段，提供在线学习环境和资源，促进个人和组织的学习与发展。教育技术与在线学习通过利用现代信息技术和教育技术手段，为学习者提供便捷、灵活和个性化的学习体验。在设计教育技术与在线学习时，需要明确学习目标和结构，提供多样化的学习资源和工具，建立互动和合作机制，并提供反馈和评估机制。通过合理设计和实施，教育技术与在线学习能够有效促进学习者的学习和发展。

12.4.1　教育技术的应用和趋势

教育技术的应用和趋势指的是在教育领域中利用现代科技和信息技术，改进教学和学习过程的方法与工具。随着科技的不断发展，教育技术的应用已经在各个层面上得到广泛应用，并且呈现出一些明显的趋势和发展方向。以下将详细介绍教育技术的应用和主要趋势。

（1）应用

① 在线课程和远程教育：教育技术的一个重要应用是提供在线课程和远程教育。通过教育技术平台和工具，学生可以远程参与教学活动，获得高质量的教育资源和学习支持，不受时间和地点的限制。

② 个性化学习和自适应教学：教育技术可以根据学员的学习需求和兴趣，提供个性化的学习内容和学习方式。自适应教学系统可以根据学员的学习表现和需求，自动调整教学策略和学习进度。

③ 虚拟现实和增强现实：虚拟现实和增强现实技术提供了沉浸式的学习体验。学员可以通过虚拟环境或增强现实设备，与虚拟对象互动，进行实践操作，增强学习的真实感和参与度。

④ 智能化教育工具和应用：教育技术利用人工智能和机器学习等技术，开发智能化的教育工具和应用。例如，智能辅导系统、自动评估系统和个性化学习推荐系统等，提供更精准、高效的学习支持和评估机制。

（2）趋势

① 移动学习和移动设备：随着移动设备的普及和网络的普遍覆盖，移动学习成为教育技术的一个重要趋势。学员可以通过手机、平板电脑等移动设备随时随地进行学习，获取学习资源和交流信息。

② 数据驱动教育决策：教育技术的另一个重要趋势是数据驱动的教育决策。通

过搜集和分析学员的学习数据，如学习行为、成绩等，教师和教育决策者可以更好地了解学员的学习状况和需求，并基于数据做出相应的教育决策。

③ 社交学习和协作学习：社交学习和协作学习在教育技术中的应用也越来越受重视。通过在线平台和社交媒体，学员可以与教师和其他学员进行交流、讨论和合作学习，促进知识共享和互相学习。

④ 可访问性和包容性：教育技术在追求可访问性和包容性方面也取得了进展。通过辅助技术和可访问性设计，教育技术可以让残障人士和特殊需求学员更容易获得教育资源和支持，实现平等的学习机会。

总结起来，教育技术的应用涵盖了在线课程、个性化学习、虚拟现实、智能化教育工具等方面。而教育技术的趋势包括移动学习、数据驱动教育决策、社交学习和可访问性等方面。这些应用和趋势共同推动了教育领域的创新和进步，为学员提供更好的学习机会和学习体验。

12.4.2　在线学习平台和资源

在线学习平台和资源是教育技术的重要组成部分，为学员和教师提供了灵活、便捷、个性化的学习和教学环境。下面将详细介绍在线学习平台和资源的特点、优势与设计要点。

（1）特点

① 可访问性：在线学习平台可以随时随地通过互联网进行访问，使学员和教师不受时间和地域限制。

② 多样性：在线学习平台提供了各种形式的学习资源，如课程视频、电子书籍、在线测验等，满足不同学习需求。

③ 个性化学习：在线学习平台可以根据学员的学习能力和兴趣，提供个性化的学习内容和进度安排。

④ 实时反馈：在线学习平台可以即时记录学员的学习情况，并提供实时反馈和评估，帮助学员及时调整学习策略。

⑤ 学习社区：在线学习平台通常具有学习社区功能，学员和教师可以在平台上进行交流和合作，促进学习共同体的形成。

（2）优势

① 灵活性：在线学习平台可以根据学员的个人时间表和节奏进行学习，适应不同学员的学习习惯和需求。

② 资源丰富：在线学习平台提供了大量的学习资源，如教学视频、案例分析、实验模拟等，帮助学员更全面地掌握知识。

③ 互动性：在线学习平台通常具有互动功能，学员可以与教师和其他学员进行交流和讨论，促进学习效果的提高。

④ 自主学习：在线学习平台鼓励学员主动参与学习过程，培养自主学习能力和解决问题的能力。

⑤ 实时更新：在线学习平台可以随时更新学习资源和课程内容，保持内容的新鲜和时效性。

（3）设计要点

① 用户友好：在线学习平台的界面应简洁、直观，容易上手和操作，以提供良好的用户体验。

② 多媒体支持：在线学习平台应支持多种多媒体形式的学习资源，如视频、音频、图像等，以满足不同学习风格和需求。

③ 交互性：在线学习平台应提供互动功能，如在线讨论、团队合作等，以促进学员之间的交流和合作。

④ 个性化定制：在线学习平台应允许学员根据自己的学习需求和兴趣进行个性化定制，选择适合自己的学习资源和学习路径。

⑤ 数据分析：在线学习平台应具备数据分析能力，收集和分析学员的学习数据，为教师提供有针对性的教学指导。

总之，在线学习平台和资源为学员和教师提供了更加灵活和个性化的学习环境，具有丰富的学习资源和互动性，可以有效提高学习效果和学习体验。设计在线学习平台时，需要考虑用户友好性、多媒体支持、交互性、个性化定制和数据分析等方面的要点。

第 13 章
安全沟通与宣传

安全沟通与宣传是一项重要的工作，旨在提高人们对安全意识和知识的认知，促进有效的安全沟通和行为改变。在进行安全沟通与宣传时，需要制定明确的信息传达目标，使用多种传播媒介，采用简明扼要的语言，强调实践经验和案例，提供具体的行动建议，并培养互动和参与。设计上应根据目标人群特点进行定制，采用多样化的形式和渠道，常态化长期化宣传，并进行监测和评估。这些要点能够帮助实现更有效的安全宣传与沟通工作。

13.1　安全沟通的原则和策略

安全沟通是一种有效促进人们对安全问题认知和行为改变的手段。在进行安全沟通时，需要遵循一些原则和策略，这些原则和策略能够帮助人们更好地进行安全沟通，并促进安全意识和行为的改变。

13.1.1　沟通的基本原则和方法

沟通是安全沟通与宣传的核心内容，通过有效的沟通可以更好地传递安全信息，提高安全意识和行为改变。在进行安全沟通时，需要遵循一些基本的原则和方法，以确保信息的准确传达和受众的有效接收。

（1）基本原则

① 清晰明了：沟通的信息应该简洁明了，避免使用过于复杂或模糊的语言。确

保表达的清晰性可以帮助受众更好地理解和接收所传达的安全信息。

② 直接有效：沟通应该直接有效，避免冗长的描述和无关的细节。通过直接有效的表达可以提高受众对信息的关注度和记忆度。

③ 尊重和关注受众：沟通应尊重和关注受众的需求与特点，理解他们的背景和思维方式。根据受众的特点定制沟通策略，能够增加信息的接受度和影响力。

④ 双向互动：沟通不应只是单方面的信息传递，而是要建立起双向的互动。倾听受众的反馈和意见，并及时作出回应，能够增加沟通的有效性和可信度。

⑤ 情感共鸣：沟通时应注意建立情感共鸣，使受众更容易产生认同感和情感共鸣。通过讲述真实的故事、分享相关经验等方式，可以增强信息的亲和力与影响力。

（2）基本方法

① 清晰表达：沟通时应使用简明清晰的语言，避免对受众的背景知识和专业术语的过度假设。通过运用具体而简练的表达方式，可以提高信息传达的效果和受众的理解度。

② 图像辅助：在安全沟通中，图像是一种非常重要且有力的辅助工具。通过使用合适的图像、图表或示意图等，可以更直观地传达安全信息，提高受众的接受度和记忆度。

③ 故事化叙述：利用故事化的方式来进行沟通可以更好地吸引受众的注意力和共鸣。将安全问题融入真实的故事情节中，让受众产生情感共鸣，从而激发他们更积极的安全行为。

④ 多样化沟通渠道：采用多种多样的沟通渠道，如面对面会议、电子邮件、社交媒体等，可以覆盖更广泛的受众群体，并增加信息传达的可能性和效果。

⑤ 受众参与：鼓励受众主动参与沟通过程，例如提问、讨论或回答调查问卷等。这可以增加受众的参与感和责任感，促使他们更深入地思考和行动。

总之，沟通的基本原则是确保信息的清晰明了、直接有效，并关注受众的需求和特点。在进行沟通时，应通过双向互动、情感共鸣等方式来建立有效的沟通关系。而沟通的基本方法包括清晰表达、图像辅助、故事化叙述、多样化沟通渠道和受众参与等。通过遵循这些原则和方法，能够提高安全信息传达的效果和受众的接受度，促进安全意识和行为的改变。

13.1.2 安全沟通的特点和挑战

安全沟通是一项具有特殊性和挑战性的任务，它涉及人们的生命安全和财产安全，需要特别注意信息的准确性和有效传达。下面将详细介绍安全沟通的特点和所面临的挑战。

（1）特点

① 多元化受众：安全沟通涉及的受众群体广泛，包括不同年龄、性别、文化背景、教育水平等人群。因此，安全沟通需要充分考虑受众的多样性，针对不同群体采取相应的沟通策略和方法。

② 高度情感化：安全问题通常与人们的生命安全和财产安全直接相关，因此，安全沟通往往具有较高的情感色彩。在进行安全沟通时，需要注意引发受众的情感共鸣，并通过情感化的方式提高信息的吸引力和影响力。

③ 信息更新快：随着科技和社会的发展，安全问题的形势也在不断变化，新的安全威胁和解决方案层出不穷。因此，安全沟通需要及时获取最新的安全信息，并确保准确传达给受众，以提高信息的可信度和行动的针对性。

④ 社会复杂性：安全问题往往涉及多个方面的因素，包括技术、法律、人文、社会等。在进行安全沟通时，需要综合考虑这些因素，以便更全面地传达安全信息和解决方案。

（2）挑战

① 信息过载：在信息爆炸的时代，人们每天都面临大量的信息来源和信息碎片。这为安全沟通带来了挑战，如何在众多信息中脱颖而出，并吸引受众的注意力，成为一项重要任务。

② 语言和文化差异：安全沟通不同受众之间存在着语言和文化差异，这可能导致信息的误解或传达效果的下降。因此，在进行安全沟通时，需要确定适合目标受众的语言和文化框架，以确保信息的准确传达和接收。

③ 受众态度和心理障碍：有些人对安全问题可能存在漠视、麻木或焦虑等心理障碍，这可能对安全沟通的影响产生一定的阻碍。在进行安全沟通时，需要了解受众的心理特点，并采取相应的策略来克服这些障碍。

④ 谣言和虚假信息：安全问题往往容易引发各种谣言和虚假信息的传播，这给安全沟通带来了挑战。在进行安全沟通时，需要及时识别和纠正谣言，提供准确、

权威的信息，以维护信息的真实性和可信度。

总之，安全沟通具有多元化受众、高度情感化、信息更新快和社会复杂性等特点。同时，安全沟通面临着信息过载、语言和文化差异、受众态度和心理障碍，以及谣言和虚假信息等挑战。因此，在进行安全沟通时，需要考虑受众的多样性、情感共鸣和信息的准确传达，同时采取针对性的沟通策略和方法，以提高信息的接受度和影响力。

13.2 内部安全沟通的有效性提升

内部安全沟通是一种在组织内部进行的沟通活动，旨在提高组织成员对安全问题的认知和行为改变。有效的内部安全沟通有助于建立积极的安全文化，促进组织的整体安全管理。

13.2.1 内部沟通渠道的建立

内部沟通渠道的建立对于有效的内部安全沟通至关重要，它提供了组织成员之间交流和信息传递的平台。下面将详细介绍一些常见的内部沟通渠道，以及建立这些渠道的方法和注意事项。

（1）内部会议和讨论

内部会议和讨论是一种常见的内部沟通渠道，可以促进组织成员之间的交流和协作。通过定期召开安全会议、工作研讨会、小组讨论等形式，可以分享安全信息和经验，并就具体的安全问题进行深入的讨论和解决。

建立方法：确定会议的频率和时间，以满足组织成员的需求；制定会议议程，明确讨论的安全主题和议题；鼓励积极参与，提供机会让组织成员分享经验和提出建议；确保会议记录和行动项的跟进与落实。

（2）内部邮件和公告板

内部邮件和公告板是传达重要信息与公告的常用渠道。通过电子邮件或内部网站上的公告板，可以向组织成员发送安全通知、更新安全政策和程序、分享安全教育材料等。

建立方法：确定信息传达的主管部门和责任人；确保邮件和公告内容简洁明了，

避免复杂术语和冗长叙述；确保邮件和公告的频率适中，不过于频繁或过于稀少；确保邮件和公告的可靠性和准确性。

（3）内部社交媒体平台

借助内部社交媒体平台，如企业微信、内部博客或论坛，可以促进组织成员之间的互动和知识共享。通过发布安全警示、分享安全提示、举办线上活动等，可以提高安全意识和加强安全文化。

建立方法：选择适合组织需求和特点的内部社交媒体平台；设置明确的安全沟通政策和规范；鼓励组织成员积极参与讨论和分享经验；定期更新内容，保持平台的活跃性。

（4）定期发布报告和通讯

通过定期发布报告和通讯，可以向组织成员传达与安全相关的信息和进展情况。这可以包括安全绩效报告、安全活动新闻、案例分析等，以便组织成员了解和关注安全问题。

建立方法：确定报告和通讯的发布周期和形式；选择易于阅读和理解的格式与语言；引入图表、图像或实际案例，使信息更直观和生动。

（5）匿名反馈渠道

建立匿名反馈渠道可以为组织成员提供一个安全的环境，让他们主动提供对安全问题的反馈、意见和建议。这有助于发现潜在的安全隐患和改进安全管理措施。

建立方法：提供匿名反馈渠道，确保反馈者的身份保密；定期宣传和鼓励组织成员使用匿名反馈渠道；建立处理和回应反馈的机制，确保及时跟进和解决。

总之，建立有效的内部沟通渠道对于促进组织成员之间的交流和信息传递至关重要。通过内部会议和讨论、内部邮件和公告板、内部社交媒体平台、定期发布报告和通讯，以及匿名反馈渠道等方式，可以实现更好的安全信息传达和双向沟通。在建立这些渠道时，需要考虑信息的准确性、频率的适度、互动性的提升，并强调组织成员参与和反馈的重要性。

13.2.2 沟通材料和工具的设计

沟通材料和工具的设计对于内部安全沟通的有效性起着重要的作用。设计出易于理解、吸引人的沟通材料和工具可以帮助提高信息的接受度与记忆效果。下面将详细介绍沟通材料和工具的设计要点与注意事项。

（1）海报和宣传册设计

海报和宣传册是一种视觉化的沟通工具，可以通过图像、图表和简洁的文字传达安全信息。

设计要点：

① 使用简洁明了的语言，避免长篇大论和复杂的术语。

② 选择清晰的图像和图表，以便更直观地传达安全信息。

③ 采用醒目的颜色和布局，吸引人的注意并增加信息的可读性。

④ 强调核心信息和行动呼吁，让受众更容易理解和接受。

（2）视频和动画制作

视频和动画是一种生动有趣的沟通工具，通过影像和声音的结合来传达安全信息。

设计要点：

① 编写简明扼要的剧本，以确保视频或动画的内容紧凑而有逻辑。

② 使用生动的图像、动画效果和背景音乐来增加视觉与听觉的吸引力。

③ 控制视频或动画的长度，以确保受众能够保持关注。

④ 强调关键信息和行动呼吁，鼓励受众参与和采取安全行动。

（3）在线培训和课程设计

在线培训和课程是一种便捷、灵活的沟通方式，可以在组织内部进行自主学习和知识传递。

设计要点：

① 制定详细的课程大纲，确保课程内容有条理且具有连贯性。

② 使用多媒体资源，如教学视频、案例分析和互动测验等，以提高学习效果和吸引力。

③ 提供个性化学习体验，根据受众的需求和兴趣，提供定制化的学习路径和内容选择。

④ 设置实时反馈和评估机制，帮助学员及时调整学习策略和检验学习效果。

（4）电子邮件和内部通讯设计

电子邮件和内部通讯是常见的沟通工具，用于定期传达安全相关信息和新闻。

设计要点：

① 编写简洁明了的邮件内容，突出关键信息和行动呼吁。

② 使用醒目的标题和摘要，吸引受众的注意力。

③ 选择合适的格式和排版，使邮件易于阅读和理解。

④ 鼓励受众参与讨论和提供反馈，增加互动性和参与度。

总之，在设计沟通材料和工具时，需要考虑受众的特点和需求。使用简洁明了的语言、清晰直观的图像和图表，并强调核心信息和行动呼吁。无论是海报和宣传册、视频和动画、在线培训和课程，还是电子邮件和内部通讯，都需要通过设计来提高信息的可读性、可视化和互动性。此外，及时的反馈和评估也是设计中需要考虑的重要因素，以确保信息的有效传达和接收。

13.3 外部安全宣传的方法和渠道

外部安全宣传是组织为了提高公众意识、加强社会责任感和塑造良好形象而采取的一系列宣传活动。在进行外部安全宣传时，需要根据目标受众的特点和传播渠道的选择，采取合适的传播方法和策略。此外，宣传内容应该准确、真实，并能引起公众共鸣，增强公众的安全意识和行为。

13.3.1 媒体关系和公众宣传

在进行外部安全宣传时，与媒体建立良好的关系和开展公众宣传是非常重要的一环。下面是一些方法和策略，可以帮助组织发展良好的媒体关系和进行公众宣传。

（1）建立媒体联系人

任命专门负责与媒体打交道的联系人，建立良好的媒体关系。联系人应该有一定的媒体背景和技巧，能够与记者、编辑有效地沟通和合作。他们应该了解媒体的需求和喜好，能够提供有价值的信息和故事。

（2）提供准确和及时的信息

确保向媒体提供准确、清晰和及时的信息。提供完整的背景资料、相关数据和证据，以支持组织的安全成果和措施。及时回复媒体的查询和请求，确保信息的准确性和可靠性。

（3）编写新闻稿和召开新闻发布会

编写有吸引力的新闻稿，并发送给媒体，以吸引他们的兴趣和报道。新闻稿应该简明扼要地说明事件或消息的重点和意义，采用简洁、易懂的语言，避免使用过于技术化的术语。同时，组织新闻发布会，邀请媒体参与并报道。

（4）树立专家形象

将组织的专家作为媒体的资源和意见领袖，将他们的专业知识和见解传达给公众。邀请专家参与媒体访谈、撰写专栏或发表评论，提供专业的解读和建议。

（5）维护关系和反馈

保持与媒体的定期联系，定期更新有关组织安全方面的消息和进展，并提供反馈和回应。及时回答媒体的问题和疑虑，积极参与讨论和对话，增强媒体对组织的信任和认可。

（6）利用社交媒体

利用社交媒体平台传播信息和公众互动。通过组织的官方账号发布与安全相关的消息和提示，回答公众的问题和疑虑，分享案例和故事。与媒体的合作也可以在社交媒体上进行，如举办在线访谈、直播活动等。

（7）应对危机和负面报道

如果组织面临危机或负面报道，及时应对，并与媒体进行沟通和协商。提供准确的信息和解释，并采取积极的措施修复形象，恢复公众的信任。

通过建立良好的媒体关系和开展公众宣传，组织可以向广大公众传达安全信息和理念，增强公众的安全意识和行动。同时，也能够塑造组织的良好形象，提高公众对组织的认知和信任度。

13.3.2　社区参与和合作机制

社区参与和合作是外部安全宣传的重要组成部分，通过与社区建立联系和合作机制，可以增强公众对组织的关注和参与度，有效宣传安全信息和理念。下面是一些方法和策略，可以帮助组织进行社区参与和合作。

（1）了解社区

首先，组织需要深入了解所在社区的特点、需求、关注点和问题。通过开展调研、参与社区活动和与社区居民交流，获取对社区感兴趣的问题和话题的内部了解。

这将有助于组织针对性地开展安全宣传和与社区合作。

（2）建立合作伙伴关系

寻找与组织目标相符合且对社区具有影响力的合作伙伴，共同推动安全宣传和问题解决。合作伙伴可以是当地政府、非营利组织、社区机构等。通过联合举办活动、开展合作项目、共享资源等方式，增加宣传的覆盖面和影响力。

（3）社区活动参与

积极参与社区活动，展示组织对社区的关心和支持。可以组织安全讲座、培训课程、安全展览等，向社区居民传达安全知识和消息。同时，也可以参与社区举办的其他活动，积极互动和宣传组织的安全理念与措施。

（4）社区倡导者培养

与社区中的倡导者建立联系，并提供培训和支持。倡导者可以是社区领袖、学校教师、社区工作者等。通过培养倡导者的安全意识和能力，他们可以在社区内发挥影响力，传播安全信息和倡导安全行为。

（5）安全项目合作

与社区合作开展具体的安全项目，解决社区内的安全问题。可以与社区居民一起开展安全巡逻、防灾减灾培训、社区安全排查等。这不仅有助于解决实际问题，还能增强组织在社区中的可见性和信任度。

（6）社区媒体合作

与社区媒体建立合作关系，在其宣传渠道中传达安全信息。可以与社区报纸、电台、电视台等进行合作，发布安全专栏或节目，分享安全案例和知识，提高公众的安全意识和行动。

（7）社区反馈机制

建立和完善社区安全反馈机制，鼓励居民提供安全问题和建议。及时回应和解决居民的反馈，并向居民反馈措施和进展，增加居民的参与感和满意度。这也有助于建立与社区居民的互信关系，推动安全宣传和问题解决的持续进行。

通过社区参与和合作机制，组织能够更好地了解和回应社区的需求，传达安全信息和理念，促进公众的安全意识和行动。同时，也能够与社区形成良好的合作关系，共同推动社区的发展和安全。

13.4　社交媒体在安全宣传中的应用

社交媒体在安全宣传中具有重要的作用，通过社交媒体的应用，组织可以更广泛地传播安全信息，吸引公众参与和关注，实现安全宣传的目标。同时，社交媒体的互动性和实时性也使得组织能够与受众进行直接互动和反馈，建立良好的沟通与合作关系。

13.4.1　社交媒体平台和内容管理

社交媒体平台和内容管理是在社交媒体上进行安全宣传时需要重点考虑的方面。下面是一些方法和策略，可以帮助组织有效利用社交媒体平台，并进行内容管理。

（1）社交媒体平台选择

根据目标受众的特点和偏好，选择适合的社交媒体平台进行安全宣传。常见的社交媒体平台包括微博、微信、抖音、快手、知乎等。了解不同平台的特点、用户群体和功能，选择与目标受众匹配的平台。

（2）建立官方账号

在选定的社交媒体平台上建立官方账号，确保宣传内容的来源可信。通过认证官方账号，增加受众对宣传内容的信任度，减少误导和造谣的可能性。

（3）提供有价值的内容

制定内容策略，提供有价值的安全内容。内容可以包括安全知识、案例分析、实用技巧、警示故事等。确保内容准确、真实，并使用简洁明了的语言和图像，能够引起受众的兴趣和共鸣。

（4）定期更新和发布

保持社交媒体账号的活跃度，定期更新和发布安全宣传内容。根据受众的需求和平台的特性，制定发布频率和时间，确保宣传内容的持续性和时效性。

（5）互动与回应

积极参与与受众的互动，及时回应他们的问题、评论和反馈。建立良好的沟通与互动关系，增加受众的参与度和忠诚度，提高宣传的影响力。

（6）社交媒体管理工具

利用社交媒体管理工具来管理多个社交媒体账号。这些工具可以帮助组织统一管理账号、发布内容、监测互动等。同时，也能够提供数据分析和报告，帮助组织评估宣传效果和改进策略。

（7）关注趋势和分析数据

关注社交媒体上的热门话题和趋势，将安全宣传与其结合起来进行宣传。同时，利用社交媒体平台提供的数据分析工具，分析受众互动、转发、评论等数据，了解受众的兴趣和行为，调整宣传策略和内容。

（8）危机管理

及时处理危机和负面事件，避免对安全宣传造成负面影响。建立危机管理机制，并制定应对措施，能够迅速回应和解决问题，维护组织在社交媒体上的声誉和形象。

通过选择合适的社交媒体平台、提供有价值的内容、积极互动与回应、利用社交媒体管理工具和分析数据等方法，组织可以有效管理社交媒体平台和内容，提高安全宣传的效果和影响力。

13.4.2　社交媒体危机管理和用户参与

社交媒体危机管理和用户参与是在社交媒体上进行安全宣传时需要重点考虑的方面。下面是一些方法和策略，可以帮助组织有效应对社交媒体危机，并促进用户参与。

（1）危机预案和紧急响应

制定社交媒体危机预案，明确责任分工和行动步骤。在出现危机时，及时启动预案，迅速回应和解决问题。安排专人负责监测社交媒体上的舆情，及时发现并回应负面信息或不实言论。

（2）快速回应和公开透明

危机发生时，通过社交媒体平台及时发表正式声明，回应公众关切和质疑。要保持公开透明的态度，提供准确、真实的信息，解答公众疑问，消除不实传闻。同时，认真倾听公众意见和建议，采纳合理的建议并及时回应。

（3）积极参与和互动

在危机处理过程中，积极参与与受众的互动，回应他们的问题、评论和反馈。

避免使用标准化、机械化的回复，而是个性化、真诚地与受众沟通。增加互动的频率，及时回应用户的留言和私信，建立良好的沟通与信任关系。

（4）用户参与和拥护

鼓励用户参与安全宣传，分享他们的安全经验和意见。可以设立用户参与活动、举办用户评选或故事分享等。通过用户参与，增加宣传的广度和深度，同时树立用户的拥护力量，帮助组织更好地应对危机。

（5）建立社交媒体反馈渠道

在社交媒体账号上建立反馈渠道，方便用户报告问题、提供意见和建议。对于用户的反馈，要及时回应，并采取适当的措施解决问题。积极倾听用户声音，建立与用户的密切互动关系。

（6）收集用户数据和舆情监测

利用社交媒体平台提供的数据分析工具，收集用户数据并进行分析，了解受众的反应和态度。同时，进行舆情监测，及时发现和评估负面信息，调整宣传策略和内容。

（7）修复形象和信任

在危机处理完毕后，及时展开形象修复工作。通过发布正面消息、改进安全措施、与用户互动等方式，恢复公众对组织的信任和认可。

通过有效的危机管理和用户参与，可以帮助组织更好地应对社交媒体上的危机，并促进用户的参与和支持。在处理危机时，要保持公开透明的态度，积极回应用户关切，同时建立互动和信任关系。这样，组织能够更好地维护形象、提升公众认知，同时增强宣传的影响力和效果。

参考文献

[1] 田水承, 景国勋. 安全管理学[M]. 北京: 机械工业出版社, 2009.

[2] 傅贵. 安全管理学——事故预防的行为控制方法[M]. 北京: 科学出版社, 2013.

[3] 张恩典, 毛春梅, 谷文博等. 基于网格化管理的大型灌区工程建设安全管理模式构建[J]. 人民黄河, 2022, 44(11): 122-126.

[4] 李月秀. 强化建筑工程安全管理举措[J]. 砖瓦, 2022(11): 98-100, 103.

[5] 张敏. 基层单位档案室安全管理体系建设[J]. 兰台世界, 2022(11): 89-91.

[6] 孙振民. 石油化工企业加强危化品安全管理的策略研究[J]. 石化技术, 2022, 29(10): 169-171.

[7] 张恒, 周杰, 梁文彪. 电力企业安全管理中数字化技术应用研究[J]. 经营与管理, 2022(11): 87-90.

[8] 朱应坤, 万力玮, 王辉. 矿山机电机械设备安全管理问题与对策探究[J]. 中国设备工程, 2022(20): 51-53.

[9] 熊丽娜, 吴卓华, 邢珏珺. 浅谈高校生物学实验室院系安全管理[J]. 办公室业务, 2022(20): 142-143, 146.

[10] 赵静媛. 安全管理在建筑工程施工中的作用分析[J]. 散装水泥, 2022(05): 49-51.

[11] 何宝海. 网络安全管理技术研究[J]. 科技创新与应用, 2022, 12(30): 177-180.

[12] 马彦文, 马建辉, 张少龙等. 党建引领国有企业安全管理[J]. 化工管理, 2022(30): 91-93.

[13] 唐福亭. 推动安全信息化建设有效提升化工企业安全管理水平的措施[J]. 化工管理, 2022(30): 94-96.

[14] 牛彬, 任维宣, 顾祖南等. 中小学安全管理标准体系构建研究[J]. 中国标准化, 2022(20): 86-90.

[15] 张丽娟. 校园安全管理流程优化与改进 ——评《学校安全管理: 过程内容与方法》[J]. 中国安全科学学报, 2022, 32(10): 225-226.

[16] 陈绍伟. 平衡计分卡法在交通土建项目施工安全管理中的应用研究[J]. 山西交通科技, 2022(05): 128-130.

[17] 郑文博. 国内外建筑工程安全管理主要成就: 基于安全事故、安全管理制度及相关文献的研究[J]. 中国安全科学学报, 2022, 32(10): 8-17.

[18] 贺煜华. 医药化工行业火灾防范安全管理弱点及提升措施[J]. 化工管理, 2022(29): 65-67.

[19] 黄继勇，王晨瑜. 安全管理体系与生产过程安全技术关系的探讨[J]. 劳动保护，2022(10): 92-94.

[20] 魏佳. 如何做好自建房的消防安全管理[J]. 消防界(电子版)，2022, 8(18): 27-29.

[21] 管汉秦. 探索企业单位消防安全管理岗位实施准入制的必要性与方法对策[J]. 消防界(电子版)，2022, 8(18): 117-119.

[22] 张玉楠，闫松涛. 实验室安全管理模式的研究与实践[J]. 化工设计通讯，2022, 48(09): 124-126.

[23] 崔娟. 西藏农村消防安全管理研究[J]. 今日消防，2022, 7(09): 77-79.

[24] 卢伟. 液化天然气安全管理中存在的问题及对策[J]. 石化技术，2022, 29(09): 250-252.

[25] 张三政. 安全管理在矿山采矿工程中的应用[J]. 采矿技术，2022, 22(05): 74-77.

[26] 赵宏伟，王曦雯，杜小刚. 数据化时代高校统一战略信息安全管理方法创新[J]. 大众标准化，2022(18): 133-135.

[27] 孟晓艳. 化工行业安全管理和消防监督中存在的问题及对策[J]. 化工管理，2022(27): 89-91.

[28] 盛凯. 石化企业安全管理的研究[J]. 化工管理，2022(27): 121-123.

[29] 张祎龙，范福全，赵中锐. 公交运输企业安全管理措施探究[J]. 城市公共交通，2022(09): 50-53, 57.

[30] 陈艳云. 城市书房安全管理现状分析和对策研究[J]. 河南图书馆学刊，2022, 42(09): 100-102.

[31] 董钦城，杨毅，杨世平等. 建筑施工现场安全管理标准化及评审体系[J]. 建筑机械化，2022, 43(09): 86-88.

[32] 巴金博，刁景华，陈悦. 军事设施建设项目安全管理评价研究[J]. 中国军转民，2022(17): 49-52.

[33] 杨国忠，刘想，王煜城. 建筑工程安全管理与控制[J]. 云南水力发电，2022, 38(09): 163-165.

[34] 丰加兵，严华，路超雄等. 缅甸莱比塘铜矿采矿项目安全管理研究[J]. 有色金属设计，2022, 49(03): 30-33.

[35] 贾焰宇. 能源企业信息安全管理研究[J]. 中国管理信息化，2022, 25(18): 112-114.

[36] 滕浩民. 新形势下化工企业安全管理优化途径探析[J]. 化工管理，2022(26): 94-97.

[37] 黄瑞，赵小明，杨智明等. 基于 BIM 技术的 PC 构件施工安全管理应用[J]. 工程质量，2022, 40(09): 36-41.

[38] 张璐芳，付玉喜，路然等. 河北省中医医疗机构传染病防控调查及安全管理干预效果[J]. 医学动物防制，2022, 38(10): 1005-1009, 1013.

[39] 徐颖, 穆亚杰. 高校实验室安全管理工作的实践与探索——以首都体育学院为例[J]. 办公室业务, 2022(17): 168-170.

[40] 李彦虎, 候蒙蒙, 巢译尹等. 影响油田产能项目安全管理的因素[J]. 中国石油和化工标准与质量, 2022, 42(16): 75-77.

[41] 刘焕霞. 关于高校教学档案互动式数字化安全管理的几点思考[J]. 黑龙江档案, 2022(04): 64-66.

[42] 金丽双. 区块链技术在电子档案安全管理中的应用[J]. 黑龙江档案, 2022(04): 55-57.

[43] 涂桂莉. 急救中心电子档案安全管理与利用研究[J]. 兰台内外, 2022(24): 36-37, 67.

[44] 王勇军, 韩博, 杨冠崙. 石化企业专职消防队伍安全管理的现状与建设措施[J]. 今日消防, 2022, 7(08): 54-56.

[45] 李明, 刘一龙, 田绍华等. 面向高校探索性实验室的多级协同安全管理体系[J]. 实验室科学, 2022, 25(04): 177-181.

[46] 魏洪旺. 船舶安全管理及控制技术分析[J]. 船舶物资与市场, 2022, 30(08): 4-6.

[47] 王惠芬. 建筑安全管理工作中存在的不利因素及相关建议[J]. 房地产世界, 2022(16): 97-99.

[48] 杜红星, 雷达晨, 姚健庭等. 基于BSC的职业院校企业实习安全管理模式研究[J]. 安全, 2022, 43(08): 89-94.

[49] 刘景超, 袁泽华. "新工科"背景下高校实验室安全管理体系建设探讨[J]. 实验室研究与探索, 2022, 41(08): 327-332.

[50] 李艳. 煤矿安全管理问题及防治措施研究[J]. 能源与节能, 2022(08): 43-45, 52.

[51] 王新梅, 袁机换. 基于DEA模型的煤矿安全管理效率评价[J]. 能源与节能, 2022(08): 145-148.

[52] 武晓娜, 谢祥, 肖尤丹. 美国劳伦斯伯克利国家实验室安全管理模式及启示[J]. 实验技术与管理, 2022, 39(08): 239-244.

[53] 钟建坤. 大数据时代信息通信网络安全管理策略[J]. 数字通信世界, 2022(08): 173-175.

[54] 王萌, 胡泊, 侯程浩. 改进TOPSIS在安全管理评价中的应用[J]. 安全与健康, 2022(08): 50-54.

[55] 刘兰涛. 市政道路工程施工安全管理重难点及应对举措探析[J]. 安徽建筑, 2022, 29(08): 183-184.

[56] 吴惠明. 兽医实验室质量管理体系与生物安全管理体系的融合探索[J]. 中国动物检疫, 2022, 39(08): 50-55.

[57] 袁胜成. 建筑工程安全管理探析[J]. 安徽建筑, 2022, 29(09): 181-182.

[58] 陈骏飞. 建筑施工安全管理在工程项目管理中的应用[J]. 科技资讯, 2022, 20(23): 82-85.

[59] 教育部高等学校安全工程学科教学指导委员会组织编写. 安全管理学[M]. 北京: 中国劳动社会保障出版社, 2012.

[60] 吴穹. 安全管理学[M]. 北京: 煤炭工业出版社, 2016.

[61] 王凯全等. 安全管理学[M]. 北京: 化学工业出版社, 2011.